wie geht's weiter?

klima, corona und kultur

rudi rembold

2. erweiterte Auflage

rationalVerlag

1018

 - ISBN 9798672367910
www.rationalverlag.de

gerlingen

inhalt

wie geht's weiter?

klima, corona und kultur

was war?

wie geht's weiter?

klima, corona und kultur

Für mich begann alles mit der Erinnerung meiner Schwiegermutter. Als Wirtstochter des Gasthofs Adler im kleinen schwäbischen Stetten auf der Ostalb sollte sie, was längst überfällig war, das Fremdenzimmer fegen. Um etwas Ordnung in das Durcheinander des zerstreuten Professors Riek zu bringen, fing sie bei der Bettlade an. Dieser Tübinger war schon etliche Tage einquartiert, da er in der nahegelegenen Vogelherdhöhle im Lonetal nach unserer Vorgeschichte graben wollte. Mit der dicken Staubschicht, die ihr Besen unter der professoralen Ruhestätte hervorholte, kam aber etwas viel Größeres zum Vorschein. Man kann sich ihren Schrecken durchaus vorstellen, als sie doch tatsächlich einen Schädel darunter hervorzog. Just unter dem Bett, in dem Jahre später meine lebenslange Liebe ihren ersten Schrei tat.

Rieks Mannschaft förderte prähistorische Kunstwerke zu Tage: Pferdchen, Mammut und einen Löwenkopf. Sie machten Furore. Dies lockte den Würzburger Anatomen Wetzel nach Tübingen und ins Lonetal zum Hohlenstein-Stadel. Er fand mit seiner Mannschaft dort kurz vor dem letzten Weltkrieg viele Elfenbeinfragmente. Alles wurde eiligst in Holzkisten gefüllt, in seinem Institut gelagert und später dem Museum meiner Geburtsstadt Ulm vermacht. Erst Jahrzehnte danach besann man sich dieser vergrabenen Schätze. Aus dem Sammelsurium vieler bearbeiteter Bruchstücke eines Mammutzahns entstand schließlich ein *puzzle*: Ein Löwenmann kam zum Vorschein, die wohl früheste Symbolfigur der Menschheit. Wieder Jahrzehnte später arbeitete der Prähistoriker Conard aus Tübingen, diese alten Geschichten auf. Er konnte schließlich an anderer Stelle eine Frauengestalt wieder auferstehen lassen. Die Venus vom Hohlen Fels, die Frau aus dem Achtal bei Schelklingen. Beides Weltkulturerbe! |[32]

Symbole verkörpern sich anbahnende Entwicklungen. Sie starten eine, später von vielen getragene, alles überflutende Neuerung, eine neue Konsequenz: Der Löwenmann, eine zielende Idee, signalisiert unseren Aufbruch, unseren kulturellen Anfang. Wird 35.000 Jahre später das Pappschild vom SKOLSTREJK FÖR KLIMATET der Greta Thunberg wieder zum Symbol, kündet wieder eine neue Wende an?

Wie geht's weiter? Kultur und Klima sind eng verflochten. Lange Zeit bestimmte das Klima den Naturprozess und damit unseren Entwicklungsgang. Dort, wo das Klima günstig war, konnten wir zum Menschen werden, konnten kulturell reifen. In Gebieten harschen Klimas blieb die Entwicklung zurück. Heute leben wir im Anthropozän, dem Zeitalter des menschgemachten Neuen. Das umschreibt, dass heute nicht mehr der Naturprozess verändert, sondern wir es sind, die unsere Erde zurechtstutzen. Heute handeln wir, erwärmen das Klima, verändern die Erdoberfläche, verarmen und verbrauchen die Natur. Wenn wir unsere Vergangenheit kennen, so der Ansatz, können wir die jetzt notwendigen Entscheidungen sicherer fällen.

Einige sehen für sich eine komfortable Zukunft, sehen alles technisch machbar und allen Naturverbauch unbedeutend. Denn tatsächlich macht erst das Technische uns Menschen zu Menschen. Es brachte und bringt unsere Entwicklung voran, zu allen Zeiten und auf allen Stufen, ob als Faustkeil, ob als Rechenmaschine mit Zuses Elektromagnetschaltern und mit Quantenbits. Andere dagegen haben die starke Befürchtung, dass wir mit unserer technikgetriebenen Evolution auf das Aus zusteuern. Mit unserer verbrauchenden Kulturvariante, eine auf Ausbeutung der Natur aufbauende Wachstumsart. Sie meinen, dass wir durch unser gewinngetriebenes Komfortstreben die Erde weiter aufheizen, die Natur zerstören und uns selbst verdrängen. Denn das Klima verändert sich. Es wird heißer, folgenreich unruhiger. Die Artenvielfalt schwindet. Da stellt sich die Frage nach dem Warum? Warum etwa brennen ganze Landstriche? Warum steigt der Meeresspiegel weltweit? Warum verwüsten Unwetter ganze Regionen und andere trocknen aus? Warum sterben Arten aus? Warum betreiben einige ihre Vorteilsnahme immer aggressiver? Warum lassen andere das alles zu?

Wir agieren innerhalb eines Prozesses, der Naturevolution nämlich. Ein Prozess des permanenten Weiter, der anpassenden Neuerung. Eine auf möglichen Vorteil, auf ausdehnende Vermehrung basierende Entwicklung. Aber immer auch auslesend, verdrängend. Zuerst langsam wirkend, dann immer schneller zur Vielfalt strebend, die Erde immer voller füllend. Auch wir als Teil dieses Prozesses verdrängen. Um zu vermeiden, dass der Naturprozess durch unser Handeln kippt, sollten wir diesen Prozess verstehen. Wir sollten das Vorher und das Jetzt kennen und das daraus folgende Nachher vorausdenken. Auf der einen Seite stehen wir als Störfaktor. Wir erzielen mit Verstand und Gefühl zerstörende Wirkungen. Wir wollen die Vorteile dieses Handelns nicht aufgeben. Manche, beileibe nicht alle, sehen diese Wirkungen und wollen alles möglichst verträglich und ohne dass es weh tut ungeschehen machen. Auf der anderen Seite wirkt der Naturprozess. Er ist ein unerbittlich fortschreitender, ein kompromissloser Gegner.

Unser kultureller Weg droht nach zehntausenden von Jahren zu Ende zu gehen, wenn wir weiter handeln wie bisher. Wir sollten uns darüber klar werden. Um uns unsere Motivatoren, unseren Antrieb bewusst zu machen, sollten wir unseren kulturellen Aufstieg verfolgen. Wie ist es zum Heute gekommen? Unsere Überlebensstrategie waren Märchen, mit denen wir unsere eigene Wirklichkeit modellierten. Starke haben unser Gefühl gelenkt, um damit die tatsächliche Wirklichkeit zu meistern. Dies ließ uns, mit Schwierigkeiten zwar, aufblühen und zu dem werden, was wir heute sind. Wir haben uns allmählich an Lenkung, an Gemeinschaft, an Mittun und Komfort gewöhnt, Eigenverantwortung oft hintangestellt. Dies hat einen Mechanismus etabliert, eine Kultur männlicher Führung, machtbegründet, abgrenzend. Das uns heute behindernde Ergebnis sind viele konkurrierende, gegeneinander streitende Staaten. Denn wir handeln meist gefühlsgetrieben, gruppenegoistisch. Unsere weit fortgeschrittene Entwicklung, unser ausgebildeter Verstand muss uns, wollen wir noch länger auf der Erde überleben, uns besser kontrollieren. Wir müssen die, unseren persönlichen Vorteil suchenden Gefühle zurücknehmen, um Naturverträglichkeit für alle zu erreichen. Es wäre unserem fortgeschrittenen Entwicklungsstand angemessen. Es ist notwendig, wenn nicht bald viele leiden müssen. Denn wir greifen immer stärker in den Naturprozess ein. Es ist unsere eigene Verantwortung, der Natur wieder ihren Platz zurückzugeben, dem entscheidenden Klimastabilisator. Unsere Kindeskinder würden davon profitieren.

Einmal war also jemand in einer jungsteinzeitlichen Albhöhle im Achtal bei Ulm/Deutschland, der begann, aus einem Mammutzahn eine Figur herauszuschälen. Es wurde eine Frau, die bisher früheste menschliche Skulptur! Diese Venus hatte keinen Kopf, war aber ganz weiblicher Körper: Starke Brüste, hervorgehobene Scheide. Geschnitzte Lust, ein Sexobjekt, oder Überhöhung? Die Venus als weibliche Funktion, der Naturkreislauf von Gebären und Sterben, von Anfang und Verfall. Sollte die Venus Mut machen für die lebensgefährliche, aber so notwendige Geburt? Mut zur begleitenden Hege des Nachwuchses? Erreichten doch wenige Kinder das Erwachsenenalter. Jedenfalls zeigt sie, dass wir immer auf das Natürliche angewiesen sind.

Kaum später schnitzte im benachbarten Lonetal wieder jemand. Jetzt wurde es ein Löwenmann, ein Mischwesen aus Mensch und Löwe. Schnitzte eine Frau, schnitzte ein Mann? Die Figuren sprechen eine klare Sprache: Der Venus wurde das Gebären zugewiesen, im Löwenmann kam etwas gänzlich Neues ins Spiel. Mann und Löwe, beides aus der Erfahrungswelt, beides dominant, öffneten als Zwitterwesen eine zweite Ebene: Mit Fantasie wurde aus Erfahrenem eine lenkende Männerüberhöhung zusammengesetzt. Wollte der Schamane sich selbst verstärken? Brauchte er den Löwenmann für seine Beschwörungen? Sollte der Löwenmann eine Absicht transportieren, den männlichen Willen nämlich, die Gruppe zu beeinflussen? Wollte der Schnitzer die Gruppe zusammenhalten, wollte er lenken? | [1, 2, 3, 88]

In den Albhöhlen fanden sich aber auch Flöten. War es die Lust an Musik, am Schönen, an gemeinsamer Freude? Die harschen Lebensbedingungen dieser Menschen der Anfangszeit zwangen zum Zusammenhalt. Diese verschiedenen Werke waren Startzeichen einer neuen Phase: Menschen in Europa begannen, den Naturprozess durch ihre Kultur zu erweitern. Geistiges und technisches Können des neuen Menschen waren parallel gewachsen. Ein Quantensprung! Klopften nebenan doch die letzten Neandertaler noch an Faustkeilen und Schabern.

Sexualität (Venus), Ordnung (Löwenmann) und Zerstreuung (Flöten) wurden zu Merkmalen menschlicher Kultur. Zu unserem zentralen Entwicklungstreiber aber wurden Gefühl und Ordnung. Symbol war der Löwenmann, dieser Mut- und gleichzeitig Angstmacher. Die daran geknüpften Geschichten sollten hoffen lassen und Angst machen, zum Zusammenhalt motivieren. Sie wurden zur Anweisung, wie zu handeln sei. Und mit dem Erleben von Lenkerfolg aber begann auch die Absicht, ja Verführung, begannen Lüge und Betrug. Der Mensch schuf sich immer mehr solcher Motivatoren, Manipulatoren und Verführer. Sie nutzten unsere Gefühle, gaben Hoffnung mit ihren fantastischen Erzählungen vom *Woher* und *Warum*. Alle Kulte vom *Verursachenden* wurzeln hier. Wir begannen, Gefühle zu aktivieren, kreativ zu sein. Es war unsere evolutionäre Antwort auf den zufälligen Prozess der natürlichen Auslese. Diese zielenden Geschichten aber brachten uns letztlich Ordnung, motivierten zum Gemeinsinn, machten uns zum kulturellen Menschen. Erfundene Erzählung als unser großer Antreiber! Vor rund vierzigtausend Jahren emotionalisierten und lenkten diese einfachen Geschichten von Dämonen gerade mal Zehntausende, die in lokal verstreuten Sippengruppen lebten. Genau diese aber trieben unsere steile Karriere. | [4, 33, 34]

Eine sich entwickelnde Art schickte sich an, die Welt zu erobern. Ihre Mythen, Kulte und das, was wir später Religionen nannten, waren der Motor überall in der Welt. Und überall waren es andere, den unterschiedlichen Lebensbedingungen angepasste Lenkungsideen. Wir wuchsen jetzt nicht mehr nur zufällig, sondern durch die Absicht hinter den Glaubensgeschichten systematisch *getriggert*. Als Teil der gesamten Natur, die nichts anderes ist als ein wucherndes Prinzip, Evolution eben. Aus nichts entwickelt sich alles Leben, in dem das Neue das Alte verbraucht und dabei mehr und komplexer wird. Aber immer begrenzt durch das im Weltganzen gerade mögliche. Charles Darwin hat uns dies erstmals erklärt. Wie unvorstellbar schnell veränderten wir Menschen uns, unsere Umwelt und die Natur, heute tun wir das gar explosionsartig beschleunigt. Um uns und unsere Zeitvorstellungen zu relativieren oder einzuschätzen, kann uns die Gesamtschau, das unendlich lange Erdgeschehen helfen. Es ist ein Spiel mit großen Zahlen, kaum vorstellbaren Zeitdimensionen. Verstehen wir dann, wie rasant unser heutiges Handeln schädigt? | [5 6]

Aus einer Energiedichte explodierte wahrscheinlich in einem *big bang* ein Massensturm. Er dehnt sich seit knapp 14 Milliarden Jahren unendlich langsam wachsend aus. Zu einem Weltall, dessen Weite wir gerade mal erahnen können. Vor über 4,5 Milliarden Jahren musste die Kernfusion der Sonne erst so richtig zünden. Da erst konnte die Erde Form und Drehung finden. Sie klumpte zusammen. Von außen trafen Geschosse auf unsere Erde. Eines davon riss den Mondklumpen aus dem Erdball. Unsere Erdmasse musste ihre Kruste erst abkühlend bilden. Unzählige Vulkane spieen Gestein, entwickelten Wasserdampf und Gase. Und die Sonne schickte ihre UV-Strahlen fast ungebremst auf die bitter kalte Erde. Vor 4 Milliarden Jahren war es soweit. Zufälliger Kometenbeschuss löste wohl eine erste chemische Reaktion aus. Nur Wasser und eine einfache Atmosphäre, gebildet aus Methan, Ammoniak und Wasserdampf, gab es. Eine elektrische Ladung kann darin die ersten Aminosäuren gezündet haben: Den *nukleus* oder Kern allen irdischen Lebens. Vor 3,5 Milliarden Jahren finden wir die ersten fadenförmigen Cyanobakterien oder Blaualgen. Mit den ersten Stromatolithen zusammen könnten sie durch Fotosynthese den zum Leben notwendigen Sauerstoff gebildet haben. Stromatolithen finden wir noch in Australien. Es wurde durch diesen Puffer wärmer, wurde zu einem Leben ermöglichenden Klima. Und dies deckeln wir gerade mit Klimagasen. Vor etwa 3 Milliarden Jahren haben sich dann aus Biomolekülen zuerst

Ribozyme gebildet, das sind aktive Kettenmoleküle. Oder sie haben sich gleich zu ersten Zellen geordnet. | [17 21 20]

Primitive Einzeller waren lange Zeit der Standard. Bis der Lebensprozess wieder eine weitere zufällige Wendung nahm: ein Zellkern fasste jetzt alles Erbmaterial zusammen. Über 500 Millionen Jahre alte Gesteinsproben aus Wengan in der Provinz Guizhou/China zeigen erste winzige Embryonen als Vorläufer heutigen Lebens. Von da an bestimmte Wasser über das Leben. Wasser gab's in flachen Lagunen oder im Meer. Die Meere der Urzeit waren warm, möglicherweise um 40 °C. Die Landmassen verteilten sich auf wenige Kontinente wie Gondwana. In den Urmeeren entwickelte sich die Reichhaltigkeit. Weichtiere, dann Schnecken, Kopffüßler und Tintenfische, erste kieferlose Fische, Seesterne, Seeigel und Korallen. Dann kam vor etwa 450 Millionen Jahren das Eis und der Meeresspiegel sank um 50 Meter. Ein Massensterben war die Folge. | [35]

Im Silur und Devon, zwei Erdzeiten vor 450 bis 350 Millionen Jahren, formte sich Euramerika und wurde langsam grün. Mit den beweglichen Kiefern der Fische begann die Fresspyramide. Gegen Ende des Devon stiegen die Quastenflosser an Land. Im Erdzeitalter Perm bis vor 250 Millionen Jahren verschmolzen alle zuvor getrennten Kontinente wieder zu Pangäa. Später brach dieser im Bereich des Mittelmeeres wieder auf. Am Ende des Perm traf wohl ein großer Meteorit die Erde. Abkühlung und Massensterben waren die Folge. Leben fand sich danach nur noch im Wasser. | [16]

Dann brach vor etwa 230 Millionen Jahren die Kreidezeit, die Zeit der Dinos und der mausgroßen Säuger an. Ein Bruchstück Pangäas, das Gondwanaland, teilte sich schlussendlich vor 100 Millionen Jahren in die heutigen Südkontinente. Bis wieder mal ein Meteorit die Erde traf. Dieser Aufprall im Golf von Mexiko vor 66 Millionen Jahren machte den schon angeschlagenen Sauriern vollends den Garaus. Dieser Zufall gab anderen die Chance sich auszubreiten und aufzufächern: Kleine Säuger und Vögel. Affenartige, unsere Urahnen, gingen seit mindestens 12 Millionen Jahren aufrecht. Knochenfunde im Allgäu/Deutschland belegen das. Wir bildeten die erste Worte. Und vor ungefähr 2,5 Millionen Jahren griffen sie dann in Afrika zum ersten Stein. Ließ uns dieser erste Griff vor 150.000 Jahren wirklich zum *homo sapiens*, zum modernen Menschen werden? Die DNS, der Doppelhelix der Geninformation, beweist diesen Entstehungsweg. | [18] [19] [22]

Leben auf der Erde existiert nur in 12 % der Zeit, in der es die Erde gibt. Um aufrecht zu gehen brauchten wir nur 2,5 % der Zeit, in welcher es Leben gibt. Um dann zum modernen Menschen zu werden vergingen nur noch 1,2 % unserer aufrecht verbrachten Zeit. Symbolfiguren kannten diese schon nach 3 Tausendstel ihrer aufrecht gegangenen Zeit. Es waren wenige zehntausend Menschen. Das *jesusphone*, verulkender Spitzname des ersten *smartphones*, krempelt unser Leben seit wenigen Jahren völlig um. Es machte es global-medial, unser privates Leben genauso wie das öffentliche. Und das seit nicht einmal einer Generation. Das ist das kaum vorstellbare 0,4 Tausendstel der Zeit, seit der uns die Märchen von den Überwesen lenken. Diese irrwitzige Geschwindigkeit können wir kaum mehr verarbeiten. Denken wir jetzt fast 8 Milliarden immer enger Verwobenen doch immer noch höchstens in Generationen. Ebenso rasend verbrauchen wir aber auch die Gesamtnatur, heizen der Welt kräftig ein. Warnt uns die Dramatik unseres Werdegangs, wie dringend wir umsteuern sollten?

wie entstand kultur?

Wir, die wir uns *weise Menschen* nennen, entwickelten parallel zum zufällig angeregten Naturwachstum ein weiteres, ein systematisches Wachsen: Den Kosmos der Gedanken und Ideen. Er ist Produkt unseres Verstands, der seinerseits Produkt des Naturprozesses ist. Einmal angeregt, entwickelte er sich ebenfalls systematisch. Doch auch Tiere haben Verstand, je Entwicklungsstand unterschiedlich.

Auch sie sammeln Erfahrung. Auch sie speichern beispielsweise Hörmuster, Geruchsmuster oder Flugbilder ihrer Beute und Feinde. Auch sie entwickeln Fluchtstrategien. Manche wissen um ihre Ernährungsquellen, geben dies an Nachkommen weiter. Auch sie nutzen sogar Werkzeuge. Menschen sind da nicht einzigartig. Auch sein Verstand ist quasi Teil der natürlichen Evolution. Zuerst war da nichts. Irgendwann war die Zeit reif. Möglicherweise mit dem ersten Aufrichten der Affenartigen, aber sicher mit dem Benutzen des ersten Steins vor nur etwa 2,5 Millionen Jahren begann unsere Entwicklungshilfe Verstand. Wir begannen jetzt, anders als alle anderen Wesen, über die Natur hinweg zu sehen. Irgendwann hatte unser Verstand zufällig eine Idee, machte den entscheidenden Sprung. Eine Idee gebar die nächste, Zusammenhänge bauten auf Einfachem auf. Denkstrukturen entstanden, immer wieder, zufällig und oft sprunghaft. Einmal gedacht, ermöglichten sie gezieltes Handeln. Kommunizierende Menschengruppen trugen die Gedankenwelt weiter. Und mit weiterentwickelten, ausgereifter werdenden Ideen wuchs und wächst auch heute unser Potential, die Qualität unseres Verstands. Die Änderungsgeschwindigkeit geistiger Kraft wächst exponentiell, ist längst größer als der Reproduktionszyklus des Menschen. Das wären heute etwa 30 Jahre. Ideenzyklen messen wir jetzt nur noch in Jahren. Doch längst haben wir unsere bleibende Gebundenheit im Naturprozess längst aus den Augen verloren.

Mit der Idee des geschnitzten Löwenmanns begann der lange Weg unserer emotionalisierenden, aufbauenden, aber auch lenkenden Erzählungen. Diese, dem Kulturfortschritt jeweils angepassten Lenkmärchen, bestimmen Einige heute immer noch. Dieser dominierende Kulturstrang wurde als *erster* von dreien zur Machtkultur und zum Gewinnstreben weiterentwickelt. Wir steuern unser Handeln mit den so gewachsenen Mechanismen. Und in seiner Besitzorientierung entscheidet er auch heute über unser weiteres Schicksal mit Klima und Natur. Mit dem Schnitzen begannen wir gleichzeitig einen *zweiten*, einen uns ebenfalls emotional motivierenden Kulturstrang. Flötentöne drückten schon früh Gefühle aus. Ton, Bild, Form und Körper als Ausdrucksmittel wurden kreativ. Fantasie suchte sich dafür immer mehr Formen, immer neu, wurde immer virtuoser. Diese Kreativen wollten anregen, begeistern, aber auch beeinflussen. Und wir beobachteten uns und unseren Entwicklungsgang rational und auf vielfältige Weise. Dieses Wissen half, uns selbst ein wenig zu verstehen. Der *dritte* Kulturstrang begann, als wir das Feuer nutzten. Er verstärkte unser Handeln, unser Erkennen der Wirklichkeit. Wir arbeiteten mit Material und erarbeiteten uns so Naturwissen. Als wir die Kraftmaschine erfanden, verstärkte sich unser Handlungspotential erheblich. Zuerst trieben Muskeln an, dann Wasser und Wind. Feuerkraft machte Maschinen dann zum Motor der Wirtschaft. Wir lernten auch, mit Drehen elektrische Spannung aufzubauen. Mit diesem elektrischen Strom konnten wir Kraft durch Metalldrähte an jeden Ort leiten. Kraft war jetzt überall. Und als wir dann elektrische Minischalter miteinander kombinierten, entstand ein völlig neues Universum, das des Digitalen. Dies verändert unseren Umgang, erleichtert unser Leben, ermöglichte Besitz. Wird dieser gefeierte Siegeszug über die Naturbegrenzungen zum vermeintlichen Sieg, zu unserer Zukunftshypothek?

Mit der Kultur insgesamt kam etwas in Gang, das unsere Evolution beschleunigte und uns weitertrieb. Wir sollten diesen Treibsatz verstehen, insbesondere die Kultur der Anleitung, die Kultur der Macht und die Kultur des Besitzes. Wir tun gut daran dies zu bedenken, wenn wir unsere Schädigungen an Klima und Natur korrigieren wollen. Wohl wurden sich die Einen immer mehr bewusst, beobachteten, erkannten und wiesen nach. Dies entwickelte uns rational. Doch von Anfang an nutzten Andere selektiv Wahrgenommenes für ihre Ziele. Es waren fantastische, träumend verwobene oder bewusst verbogene Erzählungen, die auf unser Gefühl zielten. Schon der Löwenmann zeigt, nicht nur Fantasieren und Schnitzen wollte gelernt sein. Genauso wichtig war es zu erkennen, dass wir einerseits tatsächlich Ordnung brauchen und andererseits lenkbar sind. Ordnung kann idealerweise rational, übereinstimmend und gleichberechtigt entwickelt werden. Ordnung kann aber auch, wie der Löwenmann zeigt, durch emotionale Verstärker, durch Angstmacher erzwungen werden. Denn gezielt ausgeformte Fantasie kann unseren Gefühlen als neue *Wahrheit* aufgedrängt werden, sie kann lenken, uns aber auch zur gefügigen Masse machen. Einfach etwas zu behaupten, für Ziele zu lügen und zu betrügen, wirkt. Ein Fantasieraum als freie Spielwiese für Verführer, als unser großer Antreiber! Die Geschichten erzählenden Lenker aber, ganz nebenbei bemerkt, definierten für sich Sonderregeln. Sie folgten eigenem Machtinteresse. Mit diesem Vorteil gewann auch das Männliche, das Starke, das Aggressive, die Gewalt. Ein Prozess kam in Gang, machte uns erfolgreich: Wir vermehrten uns. Hören wir ähnliche *fakes* nicht noch heute, nennen sie jetzt *alternative Fakten?* Steht also über allem die Frage: *Heiligt der Zweck die Mittel?*

Die Abhängigkeit vom Gefühl war sicher auch schon in unserer Natur angelegt. Menschen mussten, um zu überleben, ihre Gruppe voranbringen, sie zusammenführen. Zuerst waren es Landschaften in denen man sich zurechtfinden musste. Überhöhende, die Gefühle aktivierende Geschichten rankten sich also um Landmarken. Dann wurden Sonne, Mond und Sterne zu den großen Machern des Jahreszyklus, die das *Warum* und *Woher* unserer Existenz erklären sollten. Wobei Sonne und Mond ja tatsächlich als bewegte Massen unseren Jahresrhythmus prägen. Später, als Menschen pflanzten und seßhaft wurden, wohnte der Anführer, der Priesterfürst und später der Stadtkönig nahe bei den alles bestimmenden Göttern. Es waren die frühen Stadtvölker von Sumer bis zu den Hethitern. Im Zikkurat, dem Himmelshügel, wusste sich die Stadt in göttlichem Schutz. Wurde der aber entehrt oder zerstört, war die Stadt von allen Göttern verlassen. Die Ordnung war nachhaltig gestört. Genauer: die privilegierte Führung war gefährdet. Spätere machtsichernde Ordnungen sind auf den frühen Tontafeln des Codex Ur-Nammu und der Gesetzstele eines Königs Hammurapi überliefert. Der Götterberg der Ägypter dagegen, die Pyramiden der Pharaos, waren Demonstrationen von ewiger Macht, Egoismus über den Tod hinaus. Später wollte ein Pharao Echnaton nicht nur Anführer, er wollte Gott sein. Die Macht selbst nannte sich Gott, beanspruchte Wahrheit und Besitz gleichzeitig. Sie nutzte die bange Frage nach unserem Existenzgrund aus. | [11] [12]

Überliefert ist auch die Geschichte vom Gilgamesch. Zugleich verführender Held und halbgöttlicher Stadtkönig, ein Sinnbild der Macht. Die Saga ist didaktisch, also belehrend, spannend, dramaturgisch wie ein Bühnenstück. Sie ist aber auch lenkend: so etwa mit der Idee von der großen Flut oder dem Arche-Noah-Prinzip. Diese Idee, wahrscheinlich aus gemachten Erfahrungen überhöht, wird als *Zuckerbrot und Peitsche* zum Prototyp oder Vorbild überweltlicher (Ver)führung. Denn Regelbrecher werden von einer Flut weggespült und Regelbefolger in einer Arche gerettet. Ein Engel nämlich flüstert den Guten den Rettungsweg zu. Engel als dramaturgische Regieassistenten, mal Boten, mal Handlanger einer Allmacht. Fantasie, je nach Bedarf mit männlicher oder weiblicher Anmutung, mit oder ohne Flügel. Später werden sie zu volksnahen, barocken, nackten Knäblein für gewisse Neigungen.

Semitische Stämme mäanderten schon seit 7.000 Jahren lange durch Mesopotamien, damals ein fruchtbares und attraktives Entwicklungsumfeld. Sie sogen dortige Kultur auf, transformierten sie, brachten sie auf den neuesten Stand, perfektionierten die lenkenden Erzählungen. Ihr schon viel raffinierteres Lenkmodell *Gott* schuf in 6 Tagen Himmel, Erde, Flora, Fauna und die Menschen. Am Tag 7 schlief er sich aus (1 Mose 1). Das sah *Charles Darwin* dann später ganz anders. Jüdische Fantasie nutzte auch die große Flut des Gilgamesch und baute sie zur Sündenflut aus, mitsamt der rettenden Arche. Fast sprichwörtlich wurden gar die von besagtem *Gott* in Stein gemeißelten 10 Gebote: Hammurapis nachempfundene Gesetzstele. Eine erfundene, veritable Ordnung, als göttliche *Wahrheit* verpackt. Die Juden erfanden auch das *Gottesvolk*, kultisch begründete Herrschaft. Hinzu kam die Idee vom *gelobten Land*. Grundbesitz fürs Volk Israel, göttlich absolut versprochen. Mit dem Recht, anderen Land wegzunehmen. All das machte sie zu entscheidenden Stichwortgebern, ihre Lenkgeschichten bekamen eine zentrale kulturelle Bedeutung bis ins Heute. Doch ihr elitäres *Gottesvolk* wurde zur ausgrenzenden Metapher, zu ihrem Verfallsdatum. Als dann ihr Königtum verfiel, ersehnten sie sich einen kommenden Messias, einen Gesalbten, einen ewigen jüdischen König. Alle Hoffnung zerstob. Eine kleine Gruppe, durch ihre Ordnungsidee gewachsen und zusammengehalten, zerstreute sich in die Welt.

Schon vor 2.500 Jahren aber dachten erste Philosophen konsequent und rational. Diese Griechen entzauberten erstmals die Mythen, Kulte und Religionen als *fake*. Sie stellten klar, dass die Idee *Gott* nur einer Erzählung diente, die unsere Fragen nach der Ursache, nach dem Ursprung personifizierte, zu etwas Menschlichem, zu etwas Vorstellbarem machte. Parallel zur Verführung durch solche Glaubensfantasien versuchten sich immer wieder philosophische Denkschulen. Sie regten zur rationalen Sinnsuche und Ordnungsfindung an. Sie erkannten, dass *demokratia*, also die sich selbst bestimmenden Menschen, von erfundenen Götterordnungen befreien müssen. Selbstbewusst leben heißt, zu entscheiden ohne von anderen Erfundenes. Noch aber war unser Wissen lückenhaft.

Vor 2.000 Jahren wurde Jerusalem zerstört, die dortige Theokratie oder Priesterherrschaft beendet und die Juden zerstreut. In diesen Wirren klammerten sich einige an ihre alte Messiasidee, an die Hoffnung auf einen neuen König. Und sie wollten eine neue Ordnung. Dies provozierte. Ein Sektenanführer wurde hingerichtet. Die Sekte floh daraufhin in eine Phantasiewelt. Zu ihrem genialen Vordenker, machte sich der griechische Intellektuelle Paulus. Er erweiterte die jüdische Gottidee, also den bereits erfundenen Schöpfergott, um ein neues, ein menschlicheres *Gottmodell*: Er mischte diesen alten Gott mit dem Menschen. Er inspirierte Autoren, aus dem Schicksal des getöteten Sektenführers Jesus eine neue Heilsgeschichte zu entwickeln. Der *plot* begann so: Einer der gern genutzten Engel verkündet einer Maria, dass sie *Gnade bei Gott gefunden* habe. Diese hätt' sich dreingeschickt. Welch eine Männerfantasie! Die Geburt wurde zum gefühlvollen *opening*! Dann ein kurzes Wanderpredigerleben und einen Gewalttod als Start für eine neue *Gottheit*. Diesen musste ein weiterer Engel verkünden: der Sektenführer wäre *von den Toten auferstanden*. Drei von Paulus Ideen waren für den Religionserfolg entscheidend. Das friedfertige *wer dich auf die rechte Wange schlägt, dem biete auch die andere dar*. Der emotionalisierende Gewalttod, archaischen Blutopfern nachempfunden. Und die Pfingstaufforderung an jeden, die Welt zu missionieren. Ein neues, auf Expansion ausgelegtes Führungsmodell, ethniefrei, weltoffen, emphatisch. | [23 29]

Auch hier wird klar, was Entwicklung ausmacht: Klug die Strömungen und Notwendigkeiten fortgeschrittenen Bedarfs aufnehmen, zusammenführen, selbst wenn die Mittel zweifelhaft sind, und nicht im Überholten stecken bleiben. Damit gewannen die Jesusanhänger den Kulturwettstreit. Die Judenlehre dagegen, *spiritus rector* oder geistige Anstifterin unserer heute noch anführenden Kultur, hatte dauerhaft verloren. Als kleine Religionsethnie verstand sie es dennoch dauerhaft, mit den jeweiligen Entwicklungsführern mitzuwachsen. Dabei zu sein, aber Anderes glaubend zusammenzuhalten, wurde zur bleibenden Bürde. Es bedeutete, immer wieder dumpfem Abwehrwahn durch Andersgläubige ausgesetzt zu sein.

Mit seinem modernen Ansatz zielte Paulus auf die angesagte römische Weltmacht. Nach aufopfernd durchlittenen 300 Jahren wurde die zwar leidvolle, aber eigentlich friedfertig motivierende Idee zur verpflichtenden Staatsreligion im römisch-kaiserlichen Konstantinopel. Religion und Überwelt wurden wieder Machtbegründung. Die römische Macht eroberte Germanien, Missionare bekehrten Irland und Spanien, auch den Osten bis Afghanistan, ja sogar bis Indien. Nachdem ganz Europa glaubte, aber auch unter christlichen Herrschern ächzte, lockte Übersee. Es war ein unerbittlicher Religionskampf, emotionalisiert mit dem Tod ihrer *Menschengott*-Idee. Man glaubte durch das Schwert. Durch ein Schwert, das mit glaubender Kraft verblendet zuschlug. Andererseits war die Jesusgeschichte stark genug, bei den Zwangsbekehrten dennoch Hoffnung zu stiften. Europas Führer von *Gottes Gnaden* beherrschten bald die halbe Welt, nahmen deren Ressourcen. Sind das sich erwärmende Klima und die verkümmernde Natur etwa religionskulturelle Spätfolgen?

Letzter Religionsdesigner mit Einfluss war der Karawanenhändler Mohammed vor rund 1.400 Jahren. Ein Dominanter, ein Egomane. Wieder musste ein Märchenengel ran und ihm *Gottes* Willen einflüstern, sein Ordnungsgedicht Koran. Tatsächlich stammten Teile seines Engelsgeflüsters aus einem *qeryān*, einer liturgischen Anleitung der paulinischen Lehre. Er taufte klugerweise den Judengott *JHWH* in *Allah* um. Mohammed wollte restriktiv ordnen, wollte Anführer sein. Er regelte streng, detailliert, männerdominant, frauenfeindlich, führungsfixiert, abgrenzend: *und tötet sie, wo immer ihr auf sie stoßt.* Aber auch: *ein Knabe hat soviel Anteil wie zwei Mädchen.* Seine negativ zwängende Kampflehre, sein Ordnungsverschnitt, verlor im geschichtlichen Führungskampf. Die paulinische Hoffnungsidee dagegen entwickelte sich in letzter Konsequenz zum heutigen Weltstandard. Und einmal erfunden, mit Gefühl voll beladen, wucherte der *fake* Gott immer erfolgreicher... | [24 25 28]

Unter anderen steuerte auch Asien Übermänner bei, etwa einen Schöpfer Brahma oder einen begierdelosen Prinzen Gautama. Letzterer wurde ähnlich dem paulinischen Jesus in eine Überwelt transferiert. In eine ideelle Männerüberwelt, die im auseinander triftenden Energie-Masse-Geschehen des Alls nicht existiert. Oder wäre eine Naturmutter Demeter als zeitgemäßer Sarkasmus besser?

Religionsordnungen hat jede Ethnie entwickelt, damals noch wenige und verstreut lebend, naturgemäß jede ihre eigene. Mit wachsender Bevölkerung und vermehrten Kontakten haben sich auch diese ganz unterschiedlichen Leitordnungen ausgebreitet, bekämpft und bereichsweise zu Kulturen konzentriert. Erfundenes, aus der Entwicklung erklärbar, immer wieder erneuert, immer wieder angepasst! Heute durch Wissen widerlegt. In unserer globalen Welt prallen die Kulturen unversöhnlich aufeinander, denn sie basieren offen oder unterschwellig immer noch auf konträren Religionsideen. Auch Religionswissenschaften mit ihren Fakultäts-Scheuklappen beharren immer noch auf diesem Falschen. Oder tun sie das nur um dessen unbestreitbar Soziales zu erhalten? Noch haben wir nicht begriffen, dass eine globale Welt nicht mit vielen unterschiedlichen Ordnungen und ethischen Grundsätzen funktionieren kann. Notwendig wird eine globale, jetzt aber nur noch auf nachprüfbarem Wissen aufbauende Gesamtordnung der Milliarden.

Angst vor der fatal unabänderlichen Wirklichkeit ist der Preis dafür, dass wir denken lernten. Lange galt die Angst unserer Lebenswirklichkeit, dann der Wirklichkeit der Welt und heute der Wirklichkeit eines nie erfassbaren Universums. Clevere nutzten diese Angst aus, erfanden Dämone, Götter, Gott, Allah, das Nirvana und formulieren heute noch Mythen von der Nation und dunklen Verschwörungen. Überaus erfolgreich entwickelten sie das Phantasma menschlicher Einzigartigkeit. Ein schützender Fantasieraum, bevölkert mit uns nachempfundenen Handlungsfiguren. Beinahe anfassbar, reduziert aufs menschlich Eingeübte, ließen diese uns hoffen, aber auch fürchten. Also glaubten sie. Alles Glauben spielt sich nur in Kopf und Gefühl ab, hat keine Realität, überdeckt die fatale Wirklichkeit. Es ist Selbstspiegelung, individuelle Pseudosinngebung, Selbstkonditionierung. Klug gelenkt kann es aber auch den Gemeinsinn stärken, kann sozial zusammenführen. Er gibt gerade dadurch Überlebenskraft. Die erfundenen Figuren, viele maßgebende waren männlich, und ihre mitwachsenden Geschichten wirkten, garantierten Einfluss über andere. Die oft poetischen Werke, gesammelte Lebensweisheit, stärkten uns, ließen uns wachsen und immer folgenschwerer handeln. Mit deren erfundenen Protagonisten wurde gehofft, ihnen gerne auch eigene Handlungsfehler zugeschoben. Es ist fast wie kassenfüllendes Kinomärchen oder *streaming*. Wir wissen, dass es einem raffinierten *plot* folgt, aber das gut Erzählte scheint uns trotzdem real. Genau genommen waren es Lügen die straften und töteten aber genauso Empathie förderten, sozial zusammenführten. Und frühere Menschen glaubten einer *show* wohl mehr als wir Aufgeklärten. Noch immer stellen Gaubensfixierte falsch adressierende Fragen. Etwa so lächerlich: Warum lässt *Allah* zu, dass sich Frauen von Mohammeds Schleier befreien? Oder so tragisch: warum ließ *Gott* die *shoah* zu, das deutsche Verbrechen?

Alles zielte auf die *Königsidee:* Solitär wie der Löwenmann, stark wie Gilgamesch, herrlich wie der semitische Gott, aufopfernd wie der paulinische Menschensohn Jesus oder unerbittlich wie Mohammeds Allah. Die jüdische Idee vom *Gottkönig* und seinem *Gottesvolk* gipfelte in kultisch begründeter Herrschaft. Kombiniert mit dem *gelobten Land* wurde dies zur Landnahme durch starke Völker. Ordnungsgewalt über Volk und Land. Da lebten gerade mal höchstens 500 Millionen Menschen auf der Erde. Es wurde eine lange Phase der Ordnungsfindung mit einer variantenreichen Vielfalt an Kulterzählungen rund um die Welt. Kulte und ihre Fantasien waren *teamwork* der Männer. Sie kopierten, was zuvor schon erfolgreich war und dichteten daran weiter. Dies brauchte Zeit. Anfangs waren es Jahrtausende, auch noch bei den Juden. Die Jesusidee entwarf ein Paulus und seine Schreiber innerhalb weniger Jahrzehnte. Der kopierende Machtmensch Mohammed schaffte es im Alleingang. All die vielen Glaubenslehren unserer Welt sind Fantasiekaskaden. Die sumerisch-semitisch-paulinische Geschichtengattung, von weißen Männern erdacht, war die erfolgreichste. Die sich so ordnenden und zusammengehaltenen Völker entwickelten sich vorrangig. Waren deren Götterlehre, ihr Glaubenskampf und *Wahrheits*-Krieg, unser erfolgreichster Entwicklungsanreiz? Wieviele haben glaubend gehofft, wieviele haben einander glaubend geholfen, wieviele damit elitär gelebt, wieviele verblendet gekämpft, wieviele mussten dafür sterben? Warum folgten wir diesen nur zwischen zwei Buchdeckeln existierenden Überwelten, folgten den damit begründeten Ordnungen? | 48

Wir begannen als *homo fabula*, als immer auf Fabeln und Erzählungen Angewiesene, und konnten so unser Heute gewinnen. Wir fabulieren heute immer noch: Vom Anführer, vom Nationalen, vom erstrebenswerten Besitz, vom sich erfolgreich durchsetzenden Wirtschaften und seinem Antrieb zu Innovationen, von der alles könnenden Technik und deren vielfältigen Überwachungs- und Steuerungsmöglichkeiten. Nur wenige widersprechen den neuen Erzählungen von einer grenzenlosen technologischen Zukunft. Der Teil der Wissenschaft, der allein die Technik als Allheilmittel favorisiert, vernachlässigt seinen eigenen Anspruch auf neutrales Infrage stellen, auf Messen und Nachweisen. Er sieht deren Schädigungen nicht. Zu stark ist unser geldgetriebener Rausch, unsere heute alle und alles beherrschende Geldkultur. Diese Erzählung vom immerwährenden Wohlstand und von dessen Machbarkeit verdeckt die Tatsache, dass unsere exzessive und überbordende Weltnutzung ihr Ende findet. Sicher können uns Gefühle helfen, die Folgen unserer Aufheizung und Naturzerstörung eine zeitlang leichter zu ertragen. Aber die jetzt notwendigen Handlungskorrekturen, nachhaltig und vielleicht auch einschneidend, brauchen unsere ganze rationale Vernunft. Wir müssen endlich zum *homo sapiens*, zu wirklich denkenden Menschen werden. Nicht mehr die Krönung einer nachweislich erfundenen Schöpfung, sondern eine sich wieder in den Naturprozess gleichwertig einordnende Art unter vielen. Eine Art, die sich der Wirklichkeit stellt und ihr Wissen qualifiziert nutzt. Wenn, ja wenn wir unsere Lebenswelt erhalten wollen.

was trieb die kultur an?

Männer sind eher kräftiger, kennen keine monatliche Zäsur. Frauen sind sensibler, aufgrund ihrer Weiblichkeit körperbewusster. Kann man sagen: Männer spielen dauerhaft ihre Kraft aus, Frauen haben wiederkehrend Kinder? Bei der Zeugung jedenfalls hat er immer Spaß, sie je nachdem. Aber dies krempelt nur *ihr* Leben um. Welch eine Kraftanstrengung ist so eine Schwangerschaft, so eine Geburt!

Und jedes neue Menschenkind, das da blutverschmiert das Licht der Welt erblickt, ist nur die Mutter. Alle Aufbaustoffe, alle Nahrung, wirklich alles ist von der Mutter. Sogar ihre Hormone, ihr Östrogen, ihr Testosteron bestimmen über die Neigungen ihres Kinds! Und der mikroskopisch kleine Männerbeitrag? Mütter geben ihren Söhnen größere, wohl weniger effektiv vernetzte, aber mit mehr Aggressionspotential ausgestattete Hirnmasse mit als ihren Töchtern. Dadurch sind Männer statistisch gesehen unvorsichtiger, handgreiflicher, manchmal furchtloser und nehmen ihre Umgebung bewusster wahr. Das aggressiv Männliche will seine Spermien breit ausgießen, ist nach außen gerichtet. Männer führen mit ihren Erzählungen und bestimmen das Wirtschaften. Das Weibliche ist eher ausgleichend, 12 mal im Jahr empfänglich, auf Nachwuchspflege festgelegt, nach innen gerichtet. Auch Kultur beeinflusst Gehirne, verändert evolutionäre Rollen. Ob nun hormonbedingt oder tradiert, also eingeübt, es waren eher Männer, die nach Erklärungen unserer Existenz suchten. Zuerst mussten wir uns in der Umgebung zurechtfinden, das zweckmäßige Handeln lernen. Aber bald forderte die Frage heraus, wodurch wir alle sind. In der Zeit der Sammlerinnen und Jäger waren Frauen und Männer eher aufeinander angewiesen, gleichwertig respektiert. Bei den Australiern beispielsweise waren Frauen und Männer kultisch eigenständig. Es gab durchaus Ausgleich und Respekt zwischen den Geschlechtern. Aber spätestens mit dem besitzergreifenden Ackerbau wurden die Männer dominant, kulturbildend. Überweltliche Verursacher wurden erfunden. Die Blaupause lieferte das erlebbare Vaterideal. Männer erfanden den lenkenden *Manngott* als Kopie ihrer selbst. Einer, der verantwortlich war, der den Weg weisen konnte. Ideale Grundlage unserer heute noch gültigen Kultur der starken Anführer und ihrer ordnenden Gewalt. Eher kultisch gepuscht, als dass es in unserer Art angelegt war. Männer wollten zusammenführen, die Gruppe ordnen, auch voranbringen. Ordnungsgeber mussten furchteinflößend mächtig sein, um effektiv zu wirken. Denn Vernünftige sahen die auch anarchisch exzessive Männergewalt und wollten ihr etwas entgegensetzen. Und da fängt die Manipulation oder Ausnutzung an: Sie regte Gefühle an, nahm deren Grundstimmung auf und nutzte sie. Es kursierten viele Überwesen, viele Geschichten. Vom drohend Dämonischen über das Samsara bis zum starken Göttlichen: eine lange Zeit der garantiert stabilen Männerordnungen. Eine Kultur durch angeregten Glauben, Placebo fürs Gefühl, vorgegaukelte Medizin mit Nebenwirkungen.

Ein sehr effektives, sehr erfolgreiches Werkzeug. Glaubenserzählungen, Religionen wurden von wenigen Männern erfunden. Sie spiegelten Männerbilder, festigten ihre soziale Wertung der Geschlechter. Klug schloß dies ein, unseren naturgegebenen Instinkt zum sozialen Zusammenhalt und zur Caritas mit Überweltanreizen zu koppeln. Einmal erzählt und von Glaubenden angenommen, waren es fest gefügte, unerschütterliche *Wahrheiten*. Sie emotionalisierten, forderten Nachfolge ein, wurden gegen Zweifler verteidigt. Vom Gottverkünder zur Priesterhierarchie, weiter zum König von *Gottes Gnaden* und den Ur-Kaisern. In Jahrhunderten perfektionierten Kultvertreter und Mächtige ihre Ordnungsdiktate und sicherten damit auch ihren Besitzanspruch. Sie begründeten alles kultisch, also absolut. | [30 31 39]

Männer führten mit der Königsidee, Priestermänner sicherten die Götterwahrheit und rechtfertigten damit ihre Ordnungen. Das gilt quer durch alle fantastischen Überwelten der Menschheit. Eine Männerkultur unzähliger Kriege, unzähliger Toter, aber auch der Genügsamkeit und des analytischen, also nachweisenden Wissens. In dieser Männerwelt galten Frauen wenig. Frauen durften nur führen bei Männermangel, um dynastische Macht zu sichern. Waren die Männer neidisch, da nur Frauen mit ihrer Schwangerschaft Zukunft ermöglichen? Tatsächlich aber benachteiligt Sex nur Frauen. Religionsordnungen gängelten Frauen zusätzlich, sie wurden schärfer bestraft, enger begrenzt. Weibliche Selbstbestimmung etwa, ob in der Gesellschaft, sexuell oder über ihren Fötus, wurde verhindert. Frau wurde oft mit dem Tode bestraft. Man(n) durfte steinigen oder auf dem Scheiterhaufen verbrennen. Sollte beispielsweise das Zölibat, das Eheverbot für Priestermänner, etwa Sex verhindern oder doch nur Männermacht sichern? Das Starke neigt natürlicherweise dazu, Schwaches zu unterdrücken. Auch weil dies ohne Risiko ist. Religiöses hat diese Asymmetrie eher verstärkt. Warum nur ließen und lassen sich immer noch Frauen auf religiös begründete Männermacht ein?

Es ist mehr als auffällig, dass Macht und dirigierende Ordnungssysteme besonders durch Kulte mit zentralen Göttersystemen begründet wurden. Die Autoren dieser Kulte waren führende Männerköpfe ihrer Gesellschaften. Ihre Fabeln waren sicherer Zugang zu Führung, Einfluss und Vorteil. Ambivalent oder wechselhaft aber war die

Aufteilung von geistlicher und weltlicher Macht. Es ging um nicht weniger als um die Monopole über Gewalt, Ordnung, Wissen und Wirtschaft. Zuerst kontrollierten die Priesterfürsten alles. Später kontrollierten und stützten sich Vertreter von Kult und Macht gegenseitig. Die Priester beanspruchten mit ihrer *Wahrheit* das Wissensmonopol. Das Gewaltmonopol mussten sie an die weltliche Macht und ihre Soldaten weitergeben. Die schlauen Priestereliten aber fingen die machthungrigen Elitefamilien mit dem Göttlichen auch wieder ein. Das Wirtschaftsmonopol aber, den Zugriff auf alle Ressourcen, beanspruchten beide Führungsparteien. Die Priesterschaft nutzte verführenden Glauben weidlich aus und machte das beherrschte Volk zur kultisch homogenen Ethnie, zur Glaubensgemeinde. Sie musste glauben und befolgen, was ihre Führer zu glauben vorgaben. Sie glaubten es ja oft selbst, autosuggestiv. Jesusanhänger, Moslems, Buddhisten und andere, sie alle mussten einem neuen Glauben folgen, wenn ein Stammesfürst, König, Kaiser oder später sogar der Rat einer mittelalterlichen Stadt eine neue Religion annahmen. Und immer gaben Eltern ihren Glauben weiter. Sich religiös nennende Dynastien waren meist lange an der Macht. Ein wichtiger Grund war dabei, dass Machtwissen und Ausbildung dynastisch weitergegeben wurden. Nur den Elitenachwuchs zu fördern, grenzte alle anderen aus. Auch die Partnerauswahl in engen, dem Machtwissen nahen Sippen ließ die geistigen Möglichkeiten gezielt wachsen. Eine kluge Auswahl der wichtigen Gene. Dies hat sich bis heute kaum geändert. Und Hirnforscher bestätigen dies, wenn sie feststellen, dass Intelligenz auch erblich ist. Könnte hier nicht der Schlüssel liegen zur Nähe von Ethnie und deren Kulturlevel? | [15 36 37 14]

Eine weitere Konsequenz der Männermacht war ihr offensiv präsentierter Besitz an allen Ressourcen. Sie nutzten Arbeitskraft und Naturschätze. Mit welcher Pracht glänzten Klerus und Herrscher! Sie lebten im Luxus, nutzten Künstler für Paläste, Kathedralen und Tempel, knechteten die Untertanen für ihren Überfluss. Vorteil und Besitz ersehnten bald alle, kämpften dafür. Diese emotionale Verführung gab den Startschuss für den späteren *run* ums Geld. Heute gipfelt dies in einer teilweise aggressiven, besitzgesteuerten Wirtschaftsgesellschaft. Besitz ist unser entscheidend Ordnendes. Aber auch unsere immer noch funktionierenden Lenkstrukturen basieren darauf, dirigiert von egoistischen, machtbesessenen Männern. Dies funktioniert allerdings nur mit willfährig nutzbaren. Offensichtlich zu allen Zeiten verfügbare Männer, die Machtwillen umsetzen, sogar brutale Gewalt ausüben. Und weiterhin sind das Schmiermittel, das gefügig macht, Besitzversprechen, große Geldmengen.

Nationalismus, Territorialanspruch und Gehorsam bleiben virulent, treiben um. Spiegelt das unsere Basisgefühle wieder? Schlauerweise haben dies frühe Lenker beantwortet und das *Gottesvolk* und sein *gelobtes Land* in ihre Narrative, also lenkenden Erzählungen, aufgenommen. Sie wurden verbreitet, fortgeschrieben und später auch anders erzählt. All das ist zu einem Teil unserer Lebensart geworden. Noch heute wirken die alten Göttermänner, wird ihnen und den Märchen über sie geglaubt. Aus diesen Quellen sprudelte aber auch Fremdenhass, ja unsere ganze Machtkultur ist wohl aus diesen Grundbedürfnissen geboren. *Nation first?* Heute noch flüchten viele, immer wenn sich Unsicherheit breit macht, wenn die Welt in Bewegung kommt, in rückwärts gewandte Denkmuster. In ein Abgeschlossenes, eine versichernde Erinnerung, die es tatsächlich nie gab und mit der wir heute scheitern. Da wird beschworene Nähe zum Nationalismus, zur Abwehr des Bedrohlichen, des Fremden und Unbekannten. In unserer späten, vollgefüllten und sich gefährlich erwärmenden Welt sind Nationalisten und Wissensleugner eine Hypothek, ein Überlebensnachteil. Lenken diese alten, machtstabilisierenden Glaubensmärchen noch? Lenkt nicht jetzt die auf Kapital gestützte Macht mit neuen *Wahrheitsnarrativen* ihre Nachläufer? Lenken uns nicht schon wieder taktierende Cliquen, jetzt mit anderen Verschwörungen und Phantasmen, also Fantasiebildern? Bewegen wir uns auf eine, jetzt postkulturelle, politisch gepushte Verschwörungsrenaissance zu und leugnen immer noch die fatale Wirklichkeit?

Die Menschheit bekämpfte und vermischte sich von Anfang an. Schon der frühe *homo sapiens* (moderner Mensch) paarte sich mit dem *homo neanderthalensis* (ein Frühmensch). Weltweit ausbreitend entwickelten wir uns ethnisch ganz unterschiedlich. Gemäßigtes Klima war die entscheidende Voraussetzung für rasche Entwicklung. Diese erfolgreichen, aktiven, fortschrittlichen Völker vermehrten sich und erschlossen sich immer wieder neues Land. Mit ihrem kulturellen Vorteil verdrängten sie die langsamer Entwickelnden. Sie setzten mit ihrem Könnenspotential schlicht ihr Selbstverständnis durch. In geschichtlicher Zeit beherrschten die Han ganz China, Hindus eroberten Indien, nach einer buddhistischen Zwischenphase kamen die Muslime. Sie waren es auch, die Nordafrika bis Spanien beherrschten und in Europa bis Wien kamen. Die Portugiesen segelten um Afrika herum bis Indien und nach Ostasien. Sie ließen afrikanische Sklaven in den Eroberungen schuften. Mit der Entdeckung der beiden Amerikas ab 1497 zeigte sich den Europäern ein neuer Horizont. Sie eroberten sich mit Wissen, Können, Durchsetzungswillen und Waffen vom Atlantik aus die Welt. Die Spanier beuteten die Mitte und den Süden der Amerikas aus, gierig besonders nach Gold. Die Engländer besetzten und besiedelten den Norden der Amerikas. Wieder wurden Afrikaner versklavt, die indigenen Amerikaner geschunden und fast ausgerottet. Spät okkupierten Engländer auch noch Australien, Neuseeland und Ozeanien und ließen dort Inder schuften. Mit seinem Wissen emanzipiert und mit seinen Waffen erobernd setzte Europa Standards. Stichworte sind Weltvermessung und Weltzeit oder: Warum beginnt das Weltjahr mit der Sonnenwiederkehr in den Norden? Auch europäische Russen dominierten, vereinnahmten den ganzen Nordosten Eurasiens.

Auch der herrschenden Kult-*Wahrheit* wurde widersprochen. Koppernigk stellte sich 1514 mit seinem erforschten Wissen über die planetare Wirklichkeit als erster dem entgegen. Er bewies, dass die Erde nur Planet ist in einem gigantischen Sonnensystem. Erde, Zentrum des Gestirnhimmels? Diese kultische *Wahrheit* war erschüttert und damit auch das durch Religionsprediger geprägte soziale Gefüge. Der Portugiese Magellan wollte unseren kugeligen Planeten praktisch beweisen. Ansporn war, erobernd den Gewürzhandel zu beherrschen, auch finanziert von einem gewissen Kaufmann Fugger. Seine überlebende Schiffsmannschaft umrundete dann 1520 tatsächlich unsere Erdkugel. Später erschütterte auch Luther die Religionslenker. Er erweiterte den Hoffnungsgedanken des paulinischen Religionsnarrativs mit seiner *individuellen Gnade*. Damit stellte er 1517 das Absolute der Kultmächtigen in Frage. Luther wollte Religion erklären und zum Wissensstoff für jedermann machen. Er wollte hoffende Beteiligung wecken. Das machte ihn zum wirklich entscheidenden Veränderer: Die Gefühlslenkung wurde privat! Sagte nicht schon Marx dazu: *Opium des Volkes*? | [45]

Immer mehr haben geforscht, widersprochen, fingen an selbst zu denken. Ein Humus, auf dem die europäische Aufklärung und schlussendlich die Individualität und das Wissen der Moderne gedieh. Denn immer mehr suchten und fanden jetzt nachprüfbare Antworten zur Natur, zu den physikalischen Zusammenhängen und zu unserem Werdegang. Neugier, Wissensdurst und bestätigtes Wissen förderten die Selbstständigkeit, halfen bewusst zu handeln: unser nächster erfolgreicher Entwicklungstreiber.

Das Schweizer Rütli, die Stürmer der Pariser Bastille und die *bill of rights* der Nordamerikaner waren der Anfang der Individualisierung oder der Selbstbestimmung des Einzelnen. Der Ruf *Freiheit und Gleichheit* erschallte. Die Bürger seien frei von Macht und Gewalt der Fürsten und Priester. Es sollte eine *innere* Gewaltfreiheit sein, eine Freizügigkeit im Herrschaftsgebiet. Frei handeln können wollten die Männer, Frauen blieben dem Familienverband untergeordnet. Denn alles blieb im Rahmen des sozial Üblichen, blieb auch religionsgeprägt. Für nichteuropäische Ethnien, so es sie bei diesen Freien gab, galt die Freiheit nicht. Für die tatsächlich freien Männer aber gehörte ganz wesentlich das wirtschaftliche Handeln, die Vorteilssuche, die Nutzung der Naturressourcen, der individuelle Besitz. Europa brachte seinen demokratisch gedämpften Kapitalismus in die Welt. Später wollte das kommunistische Diktat, inspiriert durch Marx und Engels, die wirtschaftliche Gleichheit Aller, wollte radikal umsteuern. Doch dessen aufgezwungenes Gleichheitskonzept scheiterte in Europa blutig an unserer Vorteil suchenden Art. Südostasien bis nach China dagegen war schon lange ein eigenständiger Kulturraum. Besonders China ordnete sich vorrangig durch Wissen und Selbstdisziplin. Spät, schon durch die Engländer geschwächt, überrannte die kommunistische Idee China und gipfelte in der Kulturrevolution.

Die kapitalistische Idee wurde weltweit durchgesetzt, ist heute anerkannt, uns alle anführend und allgegenwärtig. Eine Kultur der weißen Männer mit einem Tick paulinischem Hoffnungskult. Erst waren es Europäer aus dem Süden die eroberten, später aus Europas Mitte. Deren Besitzwille hatte in der Welt endgültig gesiegt. Alles Schwächere, wie beispielsweise Frauen, Farbige, andere Nationen oder auch konkurrierende Kulturen galten da lange Zeit nichts, ja wurden unterdrückt. Es ist aber auch eine Kultur mit anderen

Schwerpunkten. Eine Kultur der geistig und sozial freien Menschen, des Wissens und der Caritas oder der Fürsorge. Beim sportlichen Staffellauf könnte man sagen, der östliche Mittelmeerraum und Teile Asiens hielten den Stab zuerst. Europa übernahm ihn und beschleunigte. Als Kultur der frei Wirtschaftenden, der Vorteilssuchenden, haben die europäischen Emigranten in Nordamerika dies dann weltdominant perfektioniert. Noch halten die USA den Stab kraftvoll. China lauert schon, will den Stab übernehmen. Es ist ein Wettlauf mit maximaler Klimaschädigung und Naturverbrauch. Bleibt dazu noch Zeit?

Wir sehen, was wir sehen wollen. Unsere Brille ist unmerklich und ganz unterschiedlich getrübt von Gefühltem, Gewünschtem oder Eingeübtem. Doch was wir dann sehen, fordert oft Erklärung: Ich lebe, ich überlebe nur in der Gruppe und ich existiere nur ein kurzes Leben. Schon früh suchten und brauchten wir für all die unbeantworteten Fragen Erklärung, emotionale Hilfe und wohl auch Lenkung. Zuerst suchten wir Deutung durch die Natur. Dann schnitzten wir Löwenmänner fürs Gefühl, dachten uns immer ausdrucksstärkere Kultfiguren aus. Glaube als Sichtweise, Lenkungshebel und *Wahrheit* zugleich. Die kultische Dichtung war zweifelsohne unser stärkster *booster*. Es wurde ein langer Weg, bis wir unsere Bilder dann tatsächlich mit der Wirklichkeit verglichen. Denn erst vor kaum 500 Jahren begannen wir zu sehen, dass die Kultdichtung, in der wir uns als Weltmacher spiegelten, wohl nicht die Wirklichkeit abbildet. Wir erkannten, dass alles Übernatürliche, wie Gott, Schöpfung, Nirwana, QAnon oder was sonst noch kreiert wurde und noch immer wird, ausschließlich unsere Fantasie ist, Idee. Unser Zaubermittel um unsere tatsächliche Existenz, begrenzt durch Befruchtung und Tod, emotional abzufedern und zu verlängern. Das weitete den Blick und forderte heraus, all dies fallen zu lassen. Wir blieben halbherzig, hatten dazu nie die entscheidende Kraft. Manche, besonders Schwache, blieben gern bei ihrer eingetrübten Sicht. Sie hielten sich streng an ihre kultische Dichtung, schöpften daraus sogar Kraft. Sie tun es immer noch. Es entspricht aber auch unserer Neigung konditioniert zu denken, dem Bekannten den Vorzug zu geben. Die Bewussten aber zogen Überkommenes in Zweifel, schärften ihren Blick auf die Wirklichkeit. Sie entwickelten das Naturwissen fort, prüften permanent ihre Sichtweise. Es brachte Freiheit, Vorteil und Besitz, die neue Naturkenntnis auszunutzen und wurde zum neuen Sinngeber. Doch wir sahen nicht weit genug. Das veraltete Religiöse aber versandete. Hoffnung und Gefühl, Treiber früherer Lenkdichtung, suchten jetzt das Soziale. Wir versuchten uns in philosophischer Sinndeutung oder in Psychotherapie und Esoterik. Immer mehr Freiheit, Vorteil, Besitz und Komfort aber verbrauchen Weltressourcen, verarmen die Natur und überfordern unsere Lebenswelt thermisch. Wir hätten's schärfer sehen müssen, denn unsere Erde ist eine Kugel, *ergo* endlich.

Überall und wie immer völlig überraschend verfolgt uns alljährlich das *jingle bell*. Ein Geklingel für ein rührendes Religionsfest. Ein Megaphon heutiger Prägung. Es zelebriert eine innige Geburt zum Jahresbeginn. Der europäische Norden hat's exportiert. Als verschneite Winterwaldidylle roter Zipfelmützenträger hat dies weltweit eingeschlagen. Der Jahresumsatz des Handels in den Winterstädten von Hammerfest bis Beijing und Anchorage wird mit diesem Kaufendspurt entscheidend aufpoliert. Aber auch der sommerliche Süden von Kapstadt bis Sydney und Buenos Aires beteiligt sich an dieser konsumierenden, schon klimageschädigten Schlittenromantik. Verdanken wir das der erfolgreichen Welteroberung im Zeichen eines Todeskreuzes? Ist das der schäbige Rest falscher Hoffnungen, Rundumvermarktung, im Ergebnis Erderwärmung?

was ist?

wie geht's weiter?

klima, corona und kultur

Neutronensterne umkreisen sich, verglühen im *crash* und sterben als Masseklumpen, enden als schwarzes Loch. Die Raumzeit erzittert. So baut das All ab. Lange, lange bevor wir Menschen uns aufrichteten, implodierte solch ein Neutronenblitz. Registrieren und messen können wir ihn erst mit dem Wissen von heute. Aufwändigste, weltweit verstreut platzierte Radioteleskope brauchte es dazu. Eine wissenschaftlich-technologische Meisterleistung. Das war aber erst möglich, als wir den lange beruhigenden Psycho-Mummenschanz aus der Kindheit unseres Verstands hinter uns ließen. Wir hatten gelernt, rational und emotionslos zu analysieren. Und erst so wurden wir fähig, das Geschehen im All zu erkennen. Aber genauso sehen wir heute unser irdisches Handeln und seine Folgen realistisch: Wir stehen vor einer selbstverschuldeten Lebensbedrohung die unseren Fortbestand in Frage stellt. Eingeübtes, Wohlvertrautes, Abfederndes und Beruhigendes wird nicht mehr funktionieren. Können wir sehen was wir angerichtet haben und emotionslos und realistisch die Konsequenzen ziehen? Oder warten wir lieber auf die evolutionäre Antwort? Unbeeindruckt von unserem Handeln wird das All, dieses System aus Energie und Materie, seine Bahnen stoisch weiterziehen. Gelegentliche Störmanöver der menschlichen Raumfahrt werden darauf sicher keinen messbaren Einfluss haben. Lediglich ein von besessenen *machos* angezettelter totaler Atomkrieg, der viele von uns vernichten würde, könnte den Drall des Doppelkreisels Erde-Mond ein wenig aus dem Rhythmus bringen.

Am Anfang aber, als wir noch nichts von alledem wussten, brauchte der junge Verstand sicher fantastische Lückenfüller, um wachsen zu können: Er erfand sich die Kultur, mischte sich in den natürlichen Entwicklungsprozess ein. Nahtlos knüpfte das Versprechen vom Besitzen daran an. Das Streben nach Besitz und Geld wurde zum neuen Ansporn. Dieses wirtschaftliche Handeln wurde sehr erfolgreich, schien aber für den Naturzusammenhang folgenlos. Genauso wurden die Wissenschaften ein Anreiz. Die Suche nach Antworten, nach Nachweisbarem stimulierte. Und die Kunst verwöhnte uns. Doch bleibt die Geldkultur, das Streben nach Besitz und Komfort zentral, beherrscht unser Heute. Das hat Folgen. Die dazu notwendigen Ressourcen sind nicht bedenkenlos nutzbar, unbegrenzt verfügbar. Besitzstreben wurde zum verführenden, alles an sich reißenden Antreiber. Er zeigt sich oft als egoistischer Kampf. Beschreiben doch die Wirtschaftsweisen detailliert, wie optimal und erfolgreich Gewinn mit Produkten und Dienstleistungen gemacht werden kann. Wie durch Ressourceneinsatz immer neue Technologien entwickelt werden können. Stetiges Wachstum ist ihre Botschaft, wachsenden Besitz versprechen sie. Wieder ein von Männern angestoßenes Kultursegment, aggressiv, dominant und verdrängend. Eine Kultur, in der Rivalität und Besitz wesentlicher Treibsatz sind. Eine Kultur, die Ressourcen ausbeutet, ohne die Folgen zu bedenken. Da scheint es keine Nachkommenden und deren Bedürfnisse zu geben. *Wer zuerst kommt, mahlt zuerst.* Weiblich mitbestimmende Tugenden hätten vielleicht eine ausgleichende Lösung gesucht. Denn gebären, Leben aufbauen und pflegen sind grundsätzlich andere Impulse. Da ist auch die Chance für die Nachfolgenden wichtig. Unsere heute lebensentscheidenden Schädigungen wären so kaum entstanden. Für dieses eher ausgleichende Handeln gibt es auch Beispiele: Unlängst ließ eine Regierungschefin lebensbedrohende Atomkraftwerke abschalten. Die Generationenfolge war wohl mit im Blick. Die Natur kennt viele Geschlechterrollen. Da ist die Männerdominanz der Säugetiere nur eine davon. Mit dem Verstand jedoch, mit dem Männer so gern prahlen, haben wir eine neue Dimension eröffnet. Männerdominanter Verbrauch, der bisher Erfolg brachte, ist am Ende, gefährdet uns heute. Da ist es einfach nur klug, alles Verstandespotential einzubeziehen, auch und gerade das bisher ungenutzte weibliche. Denn es geht um unsere Lebenschance durch Moderation, durch Ausgleich.

Noch setzt sich das egoistische, kämpferisch Männliche durch. Es erarbeitete sich ungeahnte Möglichkeiten, schöpfte dazu ausgiebig aus den Ressourcen der Erde. Führende Gesellschaften nutzten und nutzen gerne ihren wirtschaftlichen Vorteil. Deren Wirtschaft und Politik tun es genauso wie es auch die Verbraucher tun. Wir sind zur individualistischen Leistungsgesellschaft geworden. Doch alle Ressourcen sind endlich, insbesondere Trinkwasser und Naturland. Ein Leben ermöglichendes Klima ist zerstörbar. Es gibt kein immer währendes Wachstum mit unendlich verfügbaren Ressourcen. Natur und Lufthülle sind nicht beliebig belastbar.

Das Besitzversprechen mit seiner Komfortverführung hat die menschliche Kultur zu voller Blüte gebracht. Wissen hat befördert, Können ist explodiert. Das hat neue Lebenschancen ermöglicht. Synchron oder parallel mit dem Wissen wächst das technisch-wirtschaftliche, medizintechnische und agrarindustrielle Potential. Wahrscheinlich gilt diese Reihenfolge. Was eine florierende Wirtschaft alles ermöglicht, zeigt uns heute beispielsweise das *Internet*. Elektronisch und über Satelliten realisiert, verteilt es alles Wissen zeitnah und weltweit. Das verbraucht viel Energie. Wirtschaftliche Interessen betreiben diese schnelle Austauschplattform für jedermann. Wir nutzen dies sowohl wissenschaftlich, technisch-wirtschaftlich, werbend, politisch, verschwörerisch und verbrecherisch als auch ganz persönlich. Es verspricht enorme Gewinne, besonders da wir es für unsere Sozialkontakte, unsere Neugier, unsere Lebensgier in Anonymität ausgiebig nutzen. Erbetenes und Ungebetenes, *tweets*, *smilies*, *likes*, *junkmails*, *darknet*, *handy-talks*, *streaming* oder die Informationssuche im Netz sind allgegenwärtig. Jetzt forciert die Wirtschaft gar ein Internet der Dinge, mit dem unser ganzes technisches Leben automatisiert werden soll. Die Informationsmengen, die unser Handeln, Denken und Wissen kommunizieren, wachsen insgesamt rasant. Bei den Entwicklungsführern ist Information allgegenwärtig und wegen der zunehmenden Menge schwer zu überschauen. Sie dringt auch in die entlegenen Winkel der Erde. Information kann befreien. Aber erst so ganz allmählich ahnen wir, dass Freiheit auch Lebenschance bedeuten muss. Ein Anspruch und eine Begrenzung zugleich. Chancengleichheit für jedes Geschlecht, jede Ethnie rund um die Erde, jede Generation, jeden Lebensort, jede Fähigkeit und jede Entwicklungsstufe. Gleichzeitig aber auch das Recht auf geschützte Räume. Wir realisieren erst allmählich, dass sich die erstrebte Freiheit der vielen Einzelnen durch das Überlebenwollen aller begrenzt. Wir sollten die Zusammenhänge tatsächlich begreifen, diesen Konflikt, der unsere Zukunft bestimmen wird. Denn wir sind als weltweite Schicksalsgemeinschaft bedroht, und zwar von uns selbst. Es steht zuviel auf dem Spiel. | [49]

Fast täglich werden Innovationen bekannt, die unser Handeln verstärken, effektiver und komfortabler machen. Die Weltwirtschaft wächst dadurch exponentiell. In den letzten Jahrzehnten waren es um die 2 bis 5 %, durchschnittlich um 3 %, mit einigen Ausrutschern in Krisenzeiten, wie die -0,7 % in der Wirtschaftskrise 2008. Bei diesen Zuwachsraten verdoppeln sich die Einkommen im Wirtschaftsraum der Industrienationen des Nordens alle 23 Jahre, bei 5 % Wirtschaftswachstum sogar alle 14 Jahre. | [13]

Aus den Fortschrittsregionen exportiertes Medizinwissen und Ernährungssicherheit haben die Kindersterblichkeit weltweit zurückgedrängt. Wir haben beispielsweise die Pocken besiegt und die Kinderlähmung fast ausgerottet. Wir wollten uns aber nicht mit dem Reizthema Geburtenkontrolle belasten. Ärzte halfen individuell, haben aber das Gemeinwohl einer überbordenden Menschheit kaum gesehen. Denn in den armen Erdteilen ermöglichte und ermöglicht die Medizin der Industriestaaten immer noch weiteren Reproduktionserfolg. Zusätzlich stärkt mehr Ernährungssicherheit, Ernährungsvielfalt und mehr Lebenskomfort überall auf der Welt. Als Folge hat sich die Bevölkerung der Erde in nur einem Menschenleben etwa vervierfacht. Geradezu eine Explosion. Erfreulicherweise aber sinkt seit 2020 wenigstens die Anzahl der Geburten je Frau moderat. Die reichen Industriestaaten führen an. Nur im armen Zentralafrika und in Südasien werden noch verstärkt Kinder geboren. Diese vielen jungen Menschen werden die Weltbevölkerung noch einige Zeit weiter anschwellen lassen. Das Rollenbild der Frau, auch ihr überkommenes Selbstverständnis, ist in noch ursprünglichen Völkern auf Fruchtbarkeit und Kinder ausgerichtet. Kinderreichtum ehrt dort die *nützliche* Frau. Scheint da nicht ein wenig die steinzeitliche Venus vom Hohlen Fels durch? Denn lange regulierte der Naturprozess Kinderreichtum. Heute jedoch füllen sich die Armenhäuser der Erde, medizinisch unterstützt. Täglich kommen etwa 220.000 Menschen hinzu, das sind 1 % pro Jahr. | [87]

Bringschuld der Entwicklungsführer ist es, Aufklärung und Hilfestellung zu geben. Bildung kann Frauen selbstbewusst machen und sie an der Gesamtgesellschaft beteiligen. Kinderwünsche regulieren sich dann vernünftiger. Denn auch für die Bevölkerung der Erde und damit für die Geburten gibt es eine obere Grenze: Wasser, Ernährung, Klimaveränderung und Umweltschädigung. Diese Beschränkung anzuerkennen und nicht egoistisch eigener Lust nachzugeben, ist Verantwortung aller. Das ist Jeder und Jede dem Überleben aller Menschen schuldig. Das China Mao Zedongs verordnete die 1-Kind-Politik. Für Klerikale wie Liberale eine Horrorvorstellung. Im Weltmaßstab aber war das, obwohl unbeabsichtigt, eine weise Entscheidung. Geradezu skandalös kontraproduktiv ist da der Aufschrei eines tansanischen Präsidenten: *Befreit eure Eierstöcke! Sollen die anderen ihre verschließen!* Er argumentiert, entgegen aller Erfahrung, dass durch mehr Bürger die Wirtschaftskraft steige. Kinder als Waffe gegen die Konkurrenz: nur einem Männerhirn zuzutrauen. Ein Irrsinn in einer Welt der Milliarden Verbraucher. Wenn wir die Kurve der Bevölkerungszunahme nicht abflachen, droht sie nach langem Anstieg einfach abzubrechen. | [66]

Der Speckgürtel der Erde erweist sich dagegen als Reproduktionsnachteil. Die Entwicklungsführer wollen Selbständigkeit, wollen alles können und konsumieren. Das verhindert Nachwuchs. Auch streben die Entwicklungsführer nach dem Ideal der selbstbestimmten Frau. Frauen bilden sich aus. Viele wollen berufliches und soziales Selbstverständnis verbinden. Doch die Kraft, die Kinder fordern, konkurriert mit den Freiheiten komfortablen Lebens. Und die auf Konsum ausgerichtete Gesellschaft hilft kaum mit. Die Folge sind nur noch vereinzelt und in höherem Alter Gebärende. Manche Frau entscheidet sich aber auch ganz bewusst gegen Kinder. Die Menschen der medizinisch gut versorgten Länder sind gesünder und werden immer älter. Die Industriegesellschaften überaltern. Wenige Kinder und länger lebende Alte zusammengenommen aber verringern die Bevölkerungsanzahl nicht. Da schreckt die Meldung hoch: China ändert seine Geburtensteuerung. Um die komfortable Versorgung einer wachsenden Anzahl Älterer zu sichern, sind jeder Familie nach nur ein, dann zwei, jetzt drei Kinder erlaubt. Auch die wirtschaftlichen Interessen dieses großen Volkes konkurrieren mit unseren Ressourcen Klima und Natur. | [129]

Ergebnis der wachsenden Menschheit: Unwetter und Trockenbrände, die ganze Landstriche veröden. Aber noch erkennen wir kaum oder verdrängen die Anzeichen, dass unser systematisches Handeln dem evolutionären Prinzip Wachstum insgesamt eine Schranke setzt. Wir nutzen die Natur aus, obwohl wir als Teil dieser Basis sogar uns selbst gefährden. Im Streben nach Komfort nehmen wir Wirtschaftsnationen stillschweigend in Kauf, dass die Erde blutet. Unser Lebens- und Komfortwille hat die Welt in Geiselhaft genommen. Wir sind dabei, die Existenz von uns Menschen zu gefährden. Da vermag kein Sarkasmus menschliche Gier mehr einzufangen: Konsequent wirtschaftende Chinesen rotten ihre Bienen aus. Jetzt müssen ihre Obstbauern die Blüten mit Staubwedeln selbst bestäuben. Kerben, die unser Komfortverbrauch schlägt, kennen keine Staaten, machen dort nicht halt. Sie wirken grenzenlos und kaum aufzuhalten. Sie treffen alle Menschen, schädigen sie, lassen sie hungern oder aufbrechen. Es ist ein *circulus vitiosus*, ein Teufelskreis also, den wir schlicht unserer kulturellen Evolution, unserem Ego schulden. Spüren wir schon die Gefahr? | [75]

welche schäden zeigen sich schon?

Vorausschauende Forscher machen schon lange auf die Verknappung der gesamten Naturressourcen aufmerksam. Auch Klimakrise und Artensterben wurden vorausgesagt. Es war beispielsweise 1972 der Club of Rome, der unser Handeln und seine Wirkungen simulierte. Seine Rechenmodelle zeigten unsere kommende Schädigung klar auf. Sie beschrieben grundsätzlich richtig, wenn auch in ihrer zeitlichen Wirkung überzeichnet, das Versiegen der Ressourcen, Quelle unseres Fortschritts. Im Grunde eine Selbstverständlichkeit. Damals gab es gerade halb so viele Menschen auf der Erde wie 50 Jahre später. Auch die Welttemperatur hatte sich da noch kaum über den vorindustriellen Vergleichswert erhöht. Weiterhin vermehrten sich die Armen und die Reichen lebten komfortabel. Die Ölmagnate sagten außerdem 1982 (Exxon) und 1988 (Shell) in geheim gehaltenen Hochrechnungen die kommende Erwärmung der Atmosphäre der Erde richtig voraus. Um Gewinne zu machen ignorierten die Firmenführer diese geschäftsschädigende Erkenntnis. Auch deren um ihren Job buhlende Wissenschaftler schwiegen. Sie spielten dabei mit dem Leben ihrer Kinder. Kontraproduktiv verbreiteten sie lieber *fake news* in Medienkampagnen und täuschten, manipulierten uns. Aber Tatsachen setzen sich durch. Denn ohne Zweifel sind wir als Teil der Natur auf sie angewiesen. Nur das gilt absolut, was die Evolution methodisch vorgibt. Zwar studieren wir die Bausteine des Naturprozesses. Aber wohin dieser langfristig führt, können wir nicht sagen. Was unsere Einflussnahme auf die Natur bewirkt ist uns schlicht unbekannt. Was folgt tatsächlich aus einem reduzierten Artenmix, einer erwärmten Welt? | [76 77]

Diese Natur, der Kern unserer Evolution, leidet unter ihrer Erfindung, dem Verstand. Planetarer Beschuss und gelegentliche Vulkanausbrüche der allmählich abkühlenden Erde störten den Naturprozess nur sporadisch. Das Stören übernehmen heute wir entwickelten Menschen. Der kulturelle Fortschritt gibt uns Mittel an die Hand, unsere Basis permanent und systematisch zu verändern und zu zerstören. Schon früh haben wir Menschen experimentiert und dabei auch zerstört, aber noch ohne dies zu erkennen. Denken wir beispielsweise an die Asbestgewinnung Australiens. Diese forderte vergleichsweise wenige Opfer und die Schädigung blieb lokal begrenzt. Die anschwellende Gefährlichkeit unseres hochwissenden Könnens aber trifft uns heute alle in kürzester Zeit und weltweit. Aufheizung und Naturzerstörung verstärken sich dabei gegenseitig. Unser Handeln, welches die gesamte Erde beeinflusst, wirkt rasend schnell. Und obwohl wir dies alles wissen, protokollieren wir nur ungerührt das Artensterben, die Verknappung der Ressourcen und die fortschreitend wärmer werdende Atmosphäre. Scharf würde es lauten: Artenvernichtung, Ressourcenausbeutung und provozierte Weltaufheizung. Alles bemerkenswerte Phänomene, sicher interessant, die uns aber nie treffen werden. | [78]

Doch beobachten und messen heute Verantwortungsvolle unsere ungeheure Gefährdung. Die Böden der Mayas beispielsweise verarmten, da sie ihre Wälder systematisch abholzten. Die Mayas starben aus. Obwohl sich wieder Wälder bildeten, konnten die neu gebildeten Mikroorganismen nicht ausreichend Kohlenstoff speichern und durch Pflanzen das Kohlenstoffdioxid, also CO_2 binden. Diese Fähigkeit verloren sie dauerhaft. Das *Great Barrier Reef* vor Australiens Ostküste hat länger existiert als unsere ganze kulturelle Evolution. In ein, zwei Jahren ist es nahezu abgestorben. Praktisch ausgestorben ist *Lonesome George* und somit die Galápagos-Pinta-Riesenschildkröten oder das nördliche Breitmaulnashorn, um nur spektakuläre Großtiere zu nennen. Ganz zu schweigen von den schon früher ausgerotteten Tierarten. Im Süßwasser schwimmen immer weniger Tiere. Ihr Verlust ist doppelt so hoch wie die der Landtierarten. Unser Komforthunger hat auch das Meer aufgeheizt. Und wegen dieses Komforthungers sterben jetzt Tier- und Pflanzenarten massenweise aus. Jährlich sind es sechzigtausend oder 1 % aller Spezies oder Arten. Solch verheerende Artensterben gab es in der gesamten Erdgeschichte bisher nur fünf. Das Wintereis Nordkanadas wächst nur noch auf ein Drittel der Dicke, die vor nur einer Generation gemessen wurde. Alaska, fast zur Hälfte nördlich des Polarkreises, ist jetzt sommers eisfrei. In seiner Provinzhauptstadt Anchorage klettert das Thermometer sogar schon weit über 30 Grad. Das gilt ähnlich für alle anderen Nordpolanrainer. So ist Islands Gletscher *Okjökulls* bereits endgültig weggeschmolzen. Die Eiskappe am Nordpol taut im Sommer um ein Drittel seiner ursprünglichen Größe. Satelliten beobachten in Alaska, Sibirien, Amazonien, Indonesien, Afrika, im Osten Australiens und an der Westküste der USA weite Flächenbrände. Australien ist dabei besonders von Hitze bedroht. Nach den Bränden am Übergang 2019/2020 wird der Osten Australiens nicht mehr so sein wie davor. Viel geringere Tierpopulation, viel weniger Waldgebiete. Doch innerhalb einer Jahresfrist wurde dieser Landstrich erneut, jetzt aber durch eine sintflutartige Wasserflut, heimgesucht wie seit Jahrhunderten nicht. Solche dramatischen Ereignisse werden in Australien leider um 30 % wahrscheinlicher. Macht seine Lage zwischen Ozeanen und beim Wendekreis vor, was andere Weltregionen erst später erleiden werden? Auch Wälder in gemäßigten Zonen wie in Gran Canaria brennen durch die Hitzesommer. Durch die Aufwärmung der Lufthülle wird viel Eiswasser gelöst. In der Folge müssen etwa die Insulaner auf Kiribati im äquatorialen Pazifik gerade mitansehen, wie ihr Atoll und Lebensgrund vom steigenden Meeresspiegel weggeschwemmt wird. Regenschwangere Luftmassen drücken gegen den Himalaya. Sturzregen überfluten Nepal und die Himalayaregion. Der Osten des indischen Subkontinents und Bangladesh versinken im Monsunregen und im dadurch geschmolzenen Schnee des Himalaya. Viele Menschen werden weggeschwemmt, ertrinken. Auch die Karibik leidet unter Starkregen. Im Süden der USA schwellen die Wirbelstürme an und überschwemmen New Orleans und die Küste. Die Bahamas verwüstet ein Wirbelsturm und macht 70.000 Menschen obdachlos.

Marginal dagegen ist die Wirkung von Algen, die auf immer mehr Seen blühen. Sie rauben Sauerstoff und verhindern so die Entnahme von Trinkwasser. Ursachen dafür sind Überdüngung als Umweltschädigung und Erwärmung durch Erdaufheizung. Müllberge der Wirtschaftsnationen häufen sich und zerstören die Natur. Und in diesem Müll verbergen sich wahrscheinlich auch manch giftige Chemikalien. Nach China, das längst selbstbewusst wurde, müllen wir Indonesien und Indien zu. Europäische Produzenten/Konsumenten des Plastikmaterials wissen, dass die dortigen Staaten nicht nur ein technologisches Problem damit haben. Egal, Hauptsache es ist weit weg. Stürme dörren die Passatzonen aus, lassen sie brennen. Der afrikanische Sambesi, einst breiter Strom, tröpfelt jetzt nur noch die Viktoriafälle hinunter. Auch europäische Flüsse haben Sommerflaute und die Felder verdorren. In trocken fallenden Flüssen verdorrt auch der Bewuchs. Wieder fliessendes Wasser aktiviert dann das CO_2 der abgestorbenen Pflanzen zusätzlich. In dieser Sommerdürre wirken da die Betreiber der Skiarena am Gotthard rührend hilflos. Sie decken sommers den kümmerlichen Rest des Gurschengletschers mit riesigen Vliesbahnen zu. Ihre im immer weicher werdenden Felseis verankerte Riesengondelbahn könnte durch die Sommerhitze wackeln. Ähnlich wirklichkeitsfern sind Ängste um gefährliche Risse in alten Religionsbauten, in Kulturgütern wie in Bamberg etwa. Ihr Baugrund trocknet aus. Währenddessen drängen viele Menschen in die gemäßigten und reichen Zonen, was den dort noch vorhandenen Rest an Natur zusätzlich gefährdet. Es sind Vorzeichen der kommenden Klimafolgen, unsere ureigene, wissende Verantwortung. All das sind nur spektakuläre Beispiele. Die Wirklichkeit ist viel dramatischer, greift in alle Bereiche, in alle Größendimensionen, in Natur und Klima. Doch wir feiern immer neue Börsenrekorde! | [26 27 71 118]

All diese Schädigungen füllen Nachrichten, werden hautnah erlebt. Trotzdem leben wir Reichen gerne unseren Komfort weiter. Wir bewohnen geräumige, komfortabel ausgestattete Wohnungen. Wir essen viel, Hochwertiges, besonders Fisch und Fleisch; Fettleibigkeit ist ein modernes Trauma. Wir sind alle mobil. Etwa 1,2 Milliarden Autos fahren weltweit, jährlich kommen über 80 Millionen neue auf den Markt. 4 Milliarden Flugpassagiere und über 60 Millionen Tonnen Waren nutzen 25.000 Flugzeuge weltweit. Rund 40.000 Handelsschiffe transportieren etwa 90 % des weltweiten Warenverkehrs. Über 6.000 Passagierschiffe befahren die Meere, über 300 davon sind ausschließlich für Kreuzfahrten reserviert. Nach all diesem Komfort, extrem erdaufheizend, wird ungebremst und verstärkt nachgefragt. Nur pandemische Seuchen können da ein wenig bremsen. | [95 96 97 98]

Unsere Produktivität schafft unaufhörlich mehr Waren. Produkte für unseren Komfort, die wir nicht alle wirklich brauchen. Vieles davon bleibt einfach übrig. Da stehen etwa die Stahlgerippe der untergegangenen Schwerindustrie rum, Ölfördertürme in den Meeren oder die Betonsarkophage der ausgebrannten Atomkraftwerke. Unsere Digitalisierung häuft den giftigen Elektroschrott mit seinem Quecksilber und weiteren Stoffen zu immer höheren Bergen auf. Selbst ausgebrannte Satellitentransporter fallen als heißer Metallmüll auf die Erde zurück. Gleichzeitig sammeln sich die Hinterlassenschaften unserer Plastikwelt in gigantischen Müllstrudeln in den Meeren. Fische sammeln es in ihrem Körper. Als Mikroplastik gelangt alles wieder in die Verbrauchermägen zurück. Plastikmüll landet genauso massenweise an den Stränden der entlegenen Inseln des fernen Ostens. Auch dort, wo Menschen ihre Markteinkäufe noch in kunstvoll geflochtenen Körben aus Palmblättern transportieren. Bei den Deutschen dagegen landet von den gekauften Nahrungsmitteln jedes achte im Müll. Dazu verwandeln wir Natur, Landwirtschaft und Viehwirtschaft in eine große Fabrik. In der Folge verödet die Umwelt und mit ihr leiden bis zu einer Million Tier- und Pflanzenarten, läßt sie aussterben. Sie können bereits in den kommenden Jahrzehnten verschwinden. Blauäugig rätseln alle über die Ursache des großen globalen Artensterbens. Dieses verheerende Massensterben geht auf das Konto unseres Komforts. Bei all diesem ist der reiche industrielle Norden führend. | [68]

Weltweit wuchs der Wasserverbrauch zwischen 1930 und 2002 auf das sechsfache. Gleichzeitig verdreifachte sich die Weltbevölkerung. Das ist eine Verdopplung des Wasserverbrauchs pro Kopf. Wasser wird dadurch zur Mangelware. Was Industrie und industrielle Landwirtschaft effektiver macht, fehlt andernorts zum Trinken. Die Süßwässer versiegen bei gleichzeitig steigenden Temperaturen. Die Hälfte der Menschheit hat jährlich mindestens einen Monat lang Wasserknappheit. Die Wasserbohrungen müssen in den ariden Ländern immer tiefer reichen. Erschwerend kommt hinzu, dass fast alle Brauchwässer wieder in den Kreislauf zurückfließen und das Grundwasser verunreinigen. | [69]

Die genutzten Landflächen der Erde sind für knapp ein Drittel der insgesamt emittierten Treibhausgase verantwortlich. Land ist dennoch wichtiger Puffer gegen die Aufheizung durch Sonnenstrahlung. Die Landfläche wärmt sich allerdings nur oberflächennah auf. Deutlich weniger tief als die Meere. Land reagiert relativ schnell auf Temperaturänderung. Es reagiert kurzatmiger als der Meerwasserspeicher. Als Klimadämpfer wirken vor allem die Bäume der tropischen Regenwälder. Land insgesamt, also mit der ganzen Pflanzendecke, nimmt rund 30 % unserer Emissionen an CO_2 auf. Die Temperatur über dem Land hat sich schon fast doppelt so stark erwärmt wie die globale Mitteltemperatur. Die durch Hitzewellen und weniger Wasserdampf in der Luft ausgelösten Dürren häufen sich und werden intensiver. Wassermangel und damit Waldbrände in vielen Regionen der Erde nehmen zu. Die ebenfalls häufigeren Starkregen schwemmen dann auch noch wertvolle Böden weg. In den Ländern der Wendekreise wächst laut IPCC, dem Weltklimarat, die Wüste Jahr für Jahr um mehr als ein Prozent. Austrocknende Böden verlieren ihre Mikroorganismen und werden dauerhaft unfruchtbar. Ähnlich schädlich ist unsere Landnutzung, also Land- und Forstwirtschaft, die großflächig Arten zerstört. Auch ist sie für 23 % unserer Treibhausgase verantwortlich. Die produzierten Nahrungsmittel müssen aber auch beim Verbraucher ankommen. Das erhöht die Emissionen auf insgesamt rund 30 %. Doch vieles vom Produzierten bleibt auf Äckern liegen. Auch auf dem Weg zum und beim Verbraucher selbst wandert ähnlich viel in den Müll. | [92]

Wahrscheinlich noch 400 Bäume auf etwa 30 % der Erdoberfläche wachsen für jede und jeden von uns. Noch speichern sie fast die Hälfte des Kohlenstoffs der Erde und absorbieren ein Viertel des ausgestoßenen CO_2. Der Regenwald des Amazonasgebiets produziert allein etwa 20 % des weltweiten Sauerstoffs. Solch artenreiche, natürlich entstandene Wälder gibt es mit anderen Artengesellschaften beispielsweise auch in Europa. Doch diese alten, naturbelassenen Wälder sind rar. Je nach ungestörter Wachstumszeit, sind es beispielsweise kaum noch 10 % aller bewaldeten Flächen Europas. Große solcher Waldflächen speichern viel Wasser. Diese Feuchtigkeit verdunstet, versorgt das weite Umland mit Regen. Auch können artenreiche Wälder Hitze recht gut abfedern. | [116]

Doch der Wald ist in Gefahr. Es wird jetzt heißer und trockener. Da wird zum entscheidenden Aspekt, dass viele Wälder in den entwickelten Ländern der Erde oft Nutzwälder sind. Ertragreiche, schnell wachsende, aber nicht immer standortgemäße Baumarten wurden und werden angebaut, um Holz zu ernten. Durch die jetzt austrocknenden Böden werden Bäume anfälliger. Allein die Sterblichkeitsrate der gemäßigten Wälder Europas hat sich zwischen 1984 und 2016 fast verdoppelt, beschleunigt sich aber weiter. Hitze stresst. Krankheiten und Schadinsekten breiten sich aus. Die Brandgefahr wächst. Die etwas hilflose Antwort betroffener Länder etwa in Europa ist, neue, andere Baumarten zu pflanzen. Es kommen Baumarten in Frage, die in wärmeren Ländern mehr Hitze gewöhnt sind. Dem steht aber zweierlei entgegen. Einerseits vertragen die meisten hitzeresistenten Arten die Fröste des Nordens nicht. Andererseits kommt die heimische Tierwelt kaum zurecht mit den neuen, unbekannten Gewächsen. Besonders Bienen und andere Insekten leiden darunter. Dass eingeschleppte Arten heimische Arten schnell verdrängen, hat man beispielsweise schon sehr früh in Australien und Neuseeland schmerzlich erfahren. Eingeführte Kamele beispielsweise waren in Australien einst zum Warentransport und als Zugtiere für die Eisenbahn nützlich. Nach den Trockenbränden 2019/2020 wurde erwogen, zehntausend ausgewilderte Nachfahren zu schlachten. Sie würden der Landwirtschaft das jetzt dringend benötigte Wasser wegsaufen. Menschgemachte Nutztierwelt! Die Evolution dagegen hat für die Entwicklung neuer, angepasster Arten immer sehr viel Zeit gebraucht. | [70 111 114]

Grundsätzlich gilt: Wälder brannten immer schon in Trockenzeiten. Denn selbst in den eigentlich feuchten Regenwäldern fehlt es nicht an Entzündlichem. Sie sind zwar meist feucht, deren Bäume werfen aber in den Trockenzeiten etwas Laub ab, jetzt aber verstärkt. Dieses entzündet sich natürlich, meist schlägt der Blitz ein. Die Feuer bleiben aber begrenzt, lokal. Auch die Savannen der Trockengrasregionen brennen. In den Savannen brennt trockenes Gras ab und schafft Platz für neues. Das ist ein natürlicher Vorgang. In Australien etwa legen Parkranger solche Brände gezielt. Jetzt aber wird es lange heiß und gleichzeitig trocken. Dadurch brennen die Wälder häufiger und großflächiger. Die großen sogenannten borealen Nadelwälder des Nordens genauso wie die im äquatorialen Gürtel. Das gilt für das größte Tropenwaldgebiet der Erde am Amazonas, aber auch für jene in Indonesien und Afrika. Ganz besonders aber für die Nutzwälder in der Welt. Einmal entfacht, wüten jetzt riesige, kaum mehr löschbare Brände. Das zerstört die Wälder und entlässt viel Kohlenstoffdioxid. Als zusätzlichen Kontrapunkt werden diese besonders klimadämpfenden, weil Kohlenstoff und andere Stoffe speichernden Tropenwälder in Brasilien und in Indonesien großflächig gerodet. Irrwitzig von unverantwortlichen und tumben Interessierten, zumeist Farmern, angezündet. Jährlich werden so einige 10 Millionen Hektar in Ackerland umgewandelt und gehen der Klimadämpfung verloren. Ohnehin erholen sich abgebrannte Wälder und ihre Böden, wenn überhaupt noch möglich, erst nach 100 oder mehr Jahren. Doch oft veröden sie als Ackerland. Auf vielen gerodeten Flächen Amazoniens entstehen Monokulturen. Betrieben von einer Agrarindustrie, die von neuester europäischer Technologie, Informatik, Robotik und Agrarchemie profitiert. Meist produzieren sie Futtermittel für die nach Europa liefernden Fleischfabrikanten oder exportieren Futtermittel für europäische und chinesische Rinder. Aber auch Palmöl, Soja, Kakao und Zellstoff werden für den Export angebaut. All dies landet in Produkten, die der reiche Norden konsumiert. Das Klimaschonende der Wälder fehlt dann der Welt. Zwar reflektieren weniger Wälder im Norden die Sonne besser, fehlen aber im äquatorialen Gürtel als wichtige Abkühler. Der Westen will da eingreifen, die Amazonaswälder zur Stabilisierung des Klimas retten. Die amerikanischen Politiker, allen voran brasilianische, reagieren wegen ihrer Farmer darauf unwillig. Sie verweisen zurecht auf die immer schon große Schädigung durch die USA und Europa. Aber auch auf das Wohlstandsgefälle. Ein Desaster fürs Klima. | [47 71 72 100]

Die Weltmeere bedecken 2,6 mal mehr Fläche als alles Land der Erde. Meere sind unsere großen Energiespeicher, Temperaturglätter erster Güte. Meere reichen bis über 10.000 Meter tief, ein gigantisches Volumen. Meere sind geschichtet. Im Bereich bis etwa 700 Meter Tiefe ist der Wärmeaustausch am stärksten. Die Tiefenwässer bleiben kalt, höchstens 4 °C. Kalte Polarmeere und warme Äquatormeere tauschen ihre Temperaturunterschiede permanent aus. Golf-, Benguela- oder Humboldtstrom sind solche Wärmetauscher in Richtung der Längenkreise. Es gibt genauso einen Wärmetausch in Richtung der Breitenkreise. Dabei tauschen sich die kalten Tiefenwässer ganz unterschiedlich mit dem warmen Oberflächenwasser aus. Gewöhnlich bewegt sich etwa das Oberflächenwasser des Pazifik im Äquatorbereich langsamer als die rotierende Erde. Zusätzlich weht der Passat von Ost nach West. Also strömt das obere, wärmere Meerwasser nach Westen und kehrt in tieferen Schichten wieder zurück. Dieser Kreislauf treibt etwa das kalte Tiefenwasser des Humboldtstroms an Südamerikas Küstenschelf nach Norden. Der Kreislauf kehrt sich um, wenn der Passat sporadisch schwächelt. Dann strömt das warme Oberflächenwasser umgekehrt, so etwa um den Jahreswechsel herum. Als *El Niño*, ein ungewöhnlich warmes Meerwasser, wärmt es dann auch die Atmosphäre weiter auf. Deren Durchschnittstemperatur steigt. Die Zirkulation der Meere korrespondiert oder bewirkt auch die Luftzirkulation. Die wassergesättigte warme Luft über diesem Warmwasser steigt hoch und kühlt sich ab. Starkregen fallen dann am Westrand Südamerikas. Über dem Amazonasbecken dagegen bleibt's trocken. Es gibt dort auch als Gegenteil *La Niña*, ein sporadisch verstärkt aufsteigendes Kaltwasser. Dann dreht sich alles um. Auch gewöhnlich steigt überall im Äquatorstreifen die wassergesättigte warme Luft hoch und kühlt sich ab. Das hat dann regelmäßige Tropenregen zur Folge. Der Rest der oben angekommenen Luft strömt zu den Polen. Auf diesem Weg wird sie kälter und regnet in den gemäßigten Breiten ab. Durch den

Klimawandel verdunstet jetzt beispielsweise mehr Wasser im wärmer werdenden Meer vor der Ostküste Afrikas. Es steigt auf und ergießt sich direkt über Ostafrika und, der instabileren Passatwinde wegen, weiter über Indien und Indonesien. Australien dagegen, um den südlichen Wendekreis gelegen, vertrocknet und brennt. Verstärken sich diese Wirkungen noch? Oder schwächen sich die Austauscheffekte durch steigende Temperaturen ab? Meeresströmungen werden heute untersucht, indem mit den unterschiedlichen Meereshöhen und Temperaturen modelliert wird. Ein Indiz ist, dass wärmere Meeresabschnitte höher sind als kältere. Direktere Messungen stehen bisher nicht zur Verfügung. Alles deutet darauf hin, dass die großen Warm-Kalt-Wirbel zu den Polen abdriften. Am Äquator wird's wärmer, den Polen zu stürmischer. | [8 62]

Neben dem eher bekannten Kohlenstoffdioxid sind Methan und Lachgas weitere wirksame Treibhausgase. Die Natur produziert sie schon immer und wärmte die Erde so auf lebensfähige Temperaturen. Doch seit langem setzen auch wir Treibhausgase frei. Dieses Zuviel, das wir beisteuern, ist dem Wohlstand geschuldet. Methan sammelt sich kürzer in der Atmosphäre an und Lachgas sehr viel länger als CO_2. Derzeit heizen die Gase in der Reihenfolge Kohlenstoffdioxid, Methan und Lachgas etwa im Verhältnis 10 zu 3 zu 1 auf. Dabei erwärmt 1 Tonne Methan in der Atmosphäre über 80 mal so stark wie 1 Tonne CO_2. Wir verbrennen immer mehr Kohle, Öl und Gas. Dadurch entweicht im wesentlichen Kohlenstoffdioxid. Des weiteren verzehren wir Menschen immer mehr Fleisch, pro Jahr über 1 % mehr. Die Tierindustrie und die zur Produktion notwendigen Düngemittel setzen Kohlenstoffdioxid und Methan frei. Lachgas entsteht hauptsächlich bei der Düngemittelproduktion aber auch bei der Kunststoffherstellung. Allein das emittierte Methan ist mindestens halb so wirksam wie unsere gesamte Mobilität. Wer hat denn schon begriffen, dass unsere Viehwirtschaft so viel schädigt, wie alles Mobile einschließlich der Flugzeuge und der über 2.000 Satelliten des Internets zusammen? Und das mit mehreren verschiedenen Treibhausgasen. Ganz nebenbei verbraucht unsere Hunde- und Katzenindustrie soviel CO_2 wie 13 Millionen Autos. Das Internet mit seinen vielen Sendern und Speicherknoten produziert über 2 % unserer gesamten CO_2-Emission. Fünf mal soviel schädliches Gas wie der

Flugverkehr bläst die Zementindustrie in die Luft. Flugzeuge mit ihren heißen Auspuffgasen in der unter -50 °C kalten Höhenluft malen zusätzlich Kondensstreifen an den Himmel. Dieses Gemisch aus Verbrennungspartikeln und Wasserdampf ist ähnlich klimaschädlich wie der CO_2-Ausstoß selbst. Diese Wirkungen summieren sich heute auf mindestens 5 % der Weltaufheizung. | [50 55 80 51]

Durch diese Treibhausgase ist die Lufttemperatur der Welt in den letzten 10 Jahren um etwa 0,5 °C gestiegen. Das Meer bei der Nordseeinsel Sylt beispielsweise wurde seit 1962 um fast 2 °C wärmer. 2019 stieg das Thermometer des Meerwassers vor Florida auf 30 °C. Derzeit verzeichnen wir den steilsten Wärmeanstieg, der je gemessen wurde. So waren 9 der 10 wärmsten Jahre überhaupt von 2010 an. Der Weltklimarat IPCC schätzt die Temperaturzunahme der Luft bis zur Jahrhundertwende zwischen 2 und 7 °C. Was uns tatsächlich blüht, hängt vom klimaschonenden Handeln der Politik und ihrer Bürger ab. Die kulturellen Menschen erlebten bisher nie große Temperaturschwankungen. Davor allerdings gab es in der Erdgeschichte nachweislich fünf große Erwärmungsphasen. Keine davon brachte eine so rasante und globale Erwärmung wie unsere jetzige. Ursache waren unter anderem gewaltige kosmische Störungen. Auch die sich verschiebenden Erdteile mischten mit. Des weiteren änderte sich unsere Bahn um die Sonne und die Drehachse unserer Erde kreiselte. All das brauchte sehr lange Zeit. Durch die jetzige Klimaveränderung schrumpft die bewohnbare Oberfläche der Erde unaufhaltsam. Der Meeresspiegel stieg allein 2019 um 3,7 Millimeter. Im ganzen 20. Jahrhundert bereits um 13 cm. Tendenz: beschleunigend. Ursache ist das wärmer werdende, sich also ausdehnende Meer und die zu schmelzen beginnenden Gletscher, besonders die des Südpols. Um große, irreparable Schäden zu vermeiden, müssen wir die vereinbarte Zielmarke der Staaten sehr ernst nehmen. Nicht mehr als 1,5 °C Erwärmung gegenüber vor der Industrialisierung! 2020 stieg das Thermometer beispielsweise in Deutschland mit 10,4 °C bereits um 2,2 Grad höher als der Durchschnitt der Jahre 1961 bis 1990! Weltweit sind es über Land schon 1,4 °C mehr. 2019 brach alle Hitzerekorde über Land seit der Wetteraufzeichnung 1880 mit 1,95 °C über dem Rekorddurchschnitt über Land. Im Dorf Lytton in der Nähe von Vancouver in Kanada zeigte das Thermometer am 29.06.2021 bereits 49,6 °C. Normalerweise liegt der Durchschnitt dort unter 20 °C! Danach verbrannte das Dorf. Der langjährige Ganz besonders auffallend und beunruhigend ist, dass sich die Regionen um die Polarkreise überproportional erwärmen: Die Tundra brennt, der Permafrostboden und das Polareis schmelzen. | [84 41 57 58 59 60 86 99 109 110 115 120 124 131]

Das sind alles Tatsachen! Wir sollten sie klugerweise beachten, abwägen und einordnen. In Hysterie und Panik auszubrechen hilft uns nicht. Verdrängen hilft aber auch nicht. Wir brauchen eine unvoreingenommene Analyse und eine daraus abgeleitete Entschlossenheit. Sicher gibt es auch Vorteile der Erwärmung. Vom Menschen genutzte Tiere und Nahrungsmittel migrieren in den dichter besiedelten, bisher kühleren Norden. Solange ausreichend Wasser zur Verfügung steht, kann das dort ausgenützt werden. Wenn diese Arten aber heimische verdrängen oder sich mangels Fressfeinden explosionsartig ausbreiten, kann das zum Nachteil werden. Beispielsweise nehmen schon Parasiten zu oder eingeschleppte Mikroorganismen schädigen. | [90]

Der Verbrauch aller Naturressourcen wächst dynamisch und ungebremst. Wir verbrauchen derzeit fast doppelt soviel wie die Ökosysteme regenerieren können, etwa Faktor 1,75. Denn wir sind viele und verbrauchen viel zu viel. Wir verbrauchen nicht nur die aktuelle, wir verprassen zusätzlich die fossile Welt. Die Nachfrage nach immer mehr Energie und Rohstoffen ist ungebrochen. Eine Energie, die wir zu über 70 % aus fossilen, endlichen Quellen schöpfen. Ihr Bedarf wächst jährlich etwa doppelt so schnell wie die Weltbevölkerung. Und die größten Energieverbraucher, die 1,4 Milliarden Chinesen, haben ihren Verbrauchszuwachs allein in den Jahren 2017 und 2018 verdoppelt. Sie beanspruchen jetzt zehn mal soviel Energie wie die Deutschen. Allerdings gibt es siebzehn mal mehr Chinesen. Schon sehen wir Anzeichen von Verknappung. Die Öllager sind so ausgenutzt, dass die maximal mögliche Förderung schon hinter uns liegt. Das wohl bald zur Neige gehende Öl muss bereits mit wachsendem Aufwand gefördert werden. Das hat schädigende Folgen für Böden und Grundwässer. Die Gasvorkommen erscheinen noch ergiebig, sind jedoch in der Auslieferung an die Verbraucher oft aufwändiger. Auch die sonstigen materiellen Ressourcen sind endlich und lassen sich immer schwerer fördern. All diese Ressourcen, welche sich auf der Erde in Milliarden Jahren angesammelt haben, beuten wir egoistisch in wenigen Generationen systematisch aus. Diese Rohstofförderung hat heute schon die Ressourcen einer ganzen Erdnatur verbraucht. Durch den damit ausgelösten Treibhauseffekt verknappt Wasser an vielen Orten der Welt. Darüber hinaus verbraucht die Ernährungsindustrie der immer anspruchsvoller werdenden Menschen immer mehr Flächen. Dies verdrängt und verarmt den Naturprozess weiter. Der Komfort von Milliarden erzwingt aber notwendigerweise die Industrialisierung der Produktion durch immer effektivere Großunternehmen. Dadurch bündelt sich auch das Geld. Dieses wiederum privilegiert beim Zugang zu Ressourcen, gibt nur Wenigen immer mehr Einfluss und Macht. | [74 42 43 44]

Das Weltklima war immer wechselhaft. Es änderte sich im Zeitraum von zehntausenden von Jahren. Wetter und Klima entstehen immer in einem weltweiten Zusammenspiel. Meere und Landflächen werden durch die infrarote Sonnenstrahlung erwärmt. Ganz besonders gilt das für den am direktesten besonnten Äquatorstreifen der sich um ihre Achse drehenden Erde. Das Meer mit seinen riesigen Wassermassen speichert Wärme gut, Landmassen weniger. Die hauptsächlich glitzernden Wasserflächen und das Eis der Pole dagegen reflektieren Wärmestrahlung auch wieder ins All zurück. Denn noch sind die kaum besonnten Polzonen vereist. Im Bereich der Pole wird die von allen Seiten einströmende Luft wegen des enger werdenden Luftraums an den Kugelkappen zusammengepresst. Die Pole sind daher Hochdruckgebiete. Im nördlichen Bereich der gemäßigten Zone etwa stabilisiert ein *Jetstream* in 10 km Höhe die Großwetterlage. Es ist ein schmales Starkwindband von West nach Ost. Am Äquator steigt warme, wassergesättigte Luft auf, dehnt sich aus, strömt Richtung Wendekreise, kühlt dabei ab und regnet ab. Da sich die Erde darunter wegdreht, werden daraus Drehspiralen. Im Norden dreht diese wie eine Rechtsschraube. Daher weht dort regelmäßig der Nordostpassat, in der Südhälfte der Erde geht's südostwärts. Da die Erdachse ein wenig torkelt, schwingen auch diese Windwalzen im Jahresverlauf. Dasselbe passiert auch zwischen Wendekreis und Polarkreis, jetzt aber gegenläufig. Bisher waren die damit erzeugten Wetter meist verläßlich vorhersagbar und gemäßigt. In Deutschland kennt man noch den Bauernkalender, der typische Saisonwetter beschrieb.

Doch mit unseren Emissionen greifen wir in die noch weitgehend stabilen Umwälzsysteme ein. Hitze und Kälte oder Meer, Land und Atmosphäre beeinflussen sich. Die Jahreszeiten verändern sich jetzt, Winter beginnen später und enden früher. Das Eis an den Polen schmilzt vermehrt. Dies wird jetzt verstärkt durch die dort schneller steigenden Temperaturen als im Weltdurchschnitt. Die sich erwärmenden Meere nehmen weniger CO_2 auf und mehr Wasser verdampft. Dieser Wasserdampf verstärkt den Treibhauseffekt, da auch er, ähnlich den Kondensstreifen, Wärme in großer Höhe zurückhält. Zudem nimmt wärmere Luft mehr Feuchtigkeit auf und wird turbulenter. Da sich die Polregionen schneller erwärmen fehlt der Druck erzeugende Temperaturunterschied zwischen den gemäßigten Breiten und den Polregionen. Gleichzeitig mäandert der Jet stärker, wird langsamer. Hochs und Tiefs in den mittleren Breiten werden dadurch kaum weitergedrängt, bleiben eher stehen. Die Hochs bilden stabile Hitzedome und lassen ganze Landstriche wie in Kanada und Kalifornien verdorren und verbrennen. Die Tiefs transportieren mehr Wasser, lokal schwere Unwetter brauen sich zusammen. Dann lassen Sturzregen kleine mäandernde Flüsschen binnen Stunden zu reißenden Strömen anschwellen. Die zerstören dann jahrhunderte alte Städte in zuvor malerischen Tälern Mitteleuropas. Eine zuvor touristisch beschauliche, klimatisch gemäßigte Mittelgebirgsregion. Auch Stürme und Sturmfluten bauen sich auf. Andererseits wird die wärmer werdende Erde den Wüstengürtel vergrößern. Das bedeutet mehr trockene und wolkenfreie Regionen. Dadurch verringert sich der Wasseraustausch. Weniger verfügbares Wasser dort ist die Folge. Dürren, extreme Hitzewellen und Waldbrände nehmen zu. Wie sich die Veränderung des Klimas auf das Gesamtsystem Erde zukünftig auswirkt, wissen wir nicht. Aber dass es geschieht messen wir. All dies beginnt zwar langsam, ist aber irgendwann nicht mehr beeinflussbar. Ist es ein kontinuierlicher Vorgang? Oder kann es sogar zu Temperatursprüngen kommen? Die Erde ist ja eine riesige Kugel mit einer ganz unterschiedlichen Oberfläche. Da spielt das Wärmepotential der Wassermassen der Meere eine wichtige Rolle. Und tatsächlich erwärmen sich die Meere bereits bis in eine Tiefe von 2.000 Metern. Wir pumpen unvorstellbar viel bleibende Wärmeenergie in diesen riesigen Wärmespeicher. Abschätzung und Dringlichkeit unserer notwendigen Verhaltensänderung sind schwierig. Je später wir aber unser Handeln nachhaltig verändern, umso gravierender werden wir die Auswirkungen spüren. | [81 83 122 132 133]

Dieses Szenario zeigt den Ist-Zustand unserer heutigen, durch den kulturellen Menschen geschaffenen Welt. Ob wir dies anerkennen oder leugnen. Alle diese Merkmale wurden ernsthaft protokolliert, gemessen und analysiert. Viele Wissenschaftler tragen das Beweisbare zusammen und schreiben es fort. Sie weisen Tendenzen nach, veröffentlichen die Daten zu dem was schädigt und alarmieren. Was antworten wir darauf, wie stellen wir uns auf die sich abzeichnenden Veränderungen ein? Weltweit finden wir ganz unterschiedliche Reaktionen. Die Ignoranten leugnen schroff die von uns verursachte Aufheizung, sehen nicht die Naturzerstörung, mit der wir das Klimaproblem zusätzlich verschärfen. Sie wenden sich ab, ignorieren die Naturzerstörung und sagen: In der Erdgeschichte habe es immer wieder Klimaschwankungen gegeben. Das ist zwar richtig. Klimaschwankungen gab es in den letzten 50.000 Jahren mehrfach. Doch dauerten sie nicht wie jetzt gerade mal hundert Jahre sondern Jahrtausende. Emittiertes CO_2 und die anderen Klimagase bauen in der Atmosphäre einen Wärmeschild auf. Das ist physikalisches Wissen. Dass unsere Industrie CO_2 und die Landwirtschaft Lachgas und Methan emittieren, ist bekannt. Das ist Beweis genug: wir Menschen sind es, die unsere Erde seit Jahrzehnten erwärmen. Eine erdgeschichtliche Warmzeit findet zur Zeit nicht statt! Die Messungen der Meteorologen und Klimaforscher sind korrekt, sie bilden die Wirklichkeit ab. Der Anstieg der Treibhausgase in der Atmosphäre und die Erwärmung verlaufen vergleichbar. Dies belegt aussagekräftig, dass unser Komfortleben die Erwärmung verursacht. Diese Schädigungen wirken täglich, verstärken sich permanent. Wir müssen ihre zukünftigen Wirkungen vorausdenken, realistisch und auf den heutigen Daten aufbauend. Hoffnungsvollere Prognosen, so sie nicht begründbar sind, bedeuten glauben, bedeuten Wirklichkeit verdrängen. Wer aber behauptet, die weltweit ansteigenden Temperaturen seien ein vorübergehendes Problem, der irrt nicht nur, der verführt. Verdrängung und Nichtstun können aber das Ende unserer gesamten Kultur bedeuten, ja der Menschheit, so wie wir sie kennen. Wir haben, ob Unternehmer, Gläubige, Umweltgegner, Konservative, Reformer, Politiker oder nur ungestört leben Wollende, nur noch eine sehr kurze Zeit, unser Handeln nachhaltig zu ändern. Kinder bangen um ihre Zukunft und demonstrieren. Es ist ihre große Angst, dass ein nicht vorhersehbarer neuer Weltzustand bevorsteht, der die Natur umkrempelt, Arten auslöscht. Wie agieren wir bei diesem großen, für uns entscheidenden Umbruch?

verführt uns kapital?

Als Männer der Levante vor über 5.000 Jahren im Karawanenhandel festlegten, dass Waren gegen Geld eingetauscht werden können, schien die Welt noch unbegrenzt. Geld wurde ihr Warenersatz. Es wurde zum Besitzkonzentrat für jedermann, zu einem Symbol, genau genommen zu einem Wertversprechen. Privilegierte dagegen konnten den immer wechselnden Geldwert auch in Ländereien anlegen und so dort die Gemeinschaft aussperren. Ein Teil der Erde zum Eigennutz. Dieser dingliche Werterhalt festigte deren Vorrechte zusätzlich. Später bei der Gründung von Universitäten vor tausend Jahren spielte Geld wieder die ausschlaggebende Rolle. Denn der Adel brauchte Steuerfachleute. Diese sollten Geld eintreiben, um den Heeren Sold auszahlen zu können. Und die Religionsführer nutzten die Gelegenheit, Kirchenrecht zu lehren und so ihre Macht zu festigen. Einige Zeit später dann spülte die von der europäischen Aufklärung angestoßene Liberalisierung das Individuum nach oben. Es wurde im anführenden Westen zum Maß allen Handelns. Die Vorsorge für sich selbst und die Familie war immer schon das Grundhandeln der Menschen. Lange war dies aber auf das Tägliche beschränkt. Auch ein gewisser Austausch meist gleichwertiger Waren war Teil der Lebensführung. Jetzt aber konnte sich jeder Einzelne in der beginnenden wirtschaftlichen Freiheit nicht nur Waren und Hilfeleistung einkaufen. Geld ließ sich anhäufen und so ein Stück Macht erobern. Denn es bedeutete in gewisser Weise Macht, durch eigenes Handeln die in Geld ausgedrückte Anerkennung zu spüren. Geld wurde zum Machtzugang, Besitz wurde verführender Antreiber. Dieses wirtschaftliche Handeln verstärkte unsere Fähigkeiten, ließ

Wissen und Können explodieren. Die Möglichkeiten der dynamisch wachsenden Menschheit schienen unbegrenzt.

Mitte des achtzehnten Jahrhunderts entwickelten Engländer eine Wirtschaftstheorie. Freies und egoistisches Wirtschaften Einzelner würde allen helfen. Eigennutz, also auch Ressourcenverbrauch, diene dem Wohle aller, denn dies schaffe Arbeit und Auskommen. Spätestens hundert Jahre danach hätten sie die Ungereimtheit mit dem Naturverbrauch schon erahnen können. Doch sie führten die früheren Annahmen per moderner Volkswirtschaftslehre einfach fort. Wirtschaftlicher Eigennutz sporne zu Können und Wissen an und erzeuge so Wachstum. Und Wachstum schaffe Arbeit und Auskommen. Diese Theoretiker ließen sich vom Erfolg ihrer Rezepte blenden. Eigennutz und Konkurrenz wurden unser Antrieb, unser Garant für Fortschritt. Die Wirtschaftstheorie verantwortet ein hoch komplexes, und wie wir heute erkennen, ein falsches System der Motivation. Denn es zerstört heute effektiv und rundum. Ihr *trigger* ist das Kapital. Dieses spielt mit unserer Zerrissenheit zwischen Gefühl und Verstand. Geld fordert den Menschen heraus, kitzelt alles aus ihm und ihr heraus, vordergründig die Gier, aber erfreulicherweise auch den sozialen Ansporn. Soziales Verhalten stellt sich durchaus auch gegen das Kapital. Doch vieles basiert auf dem Ausnutzen von Vorteilen der wirtschaftlich Handelnden. Im Wesentlichen eine Handlungskultur der Männerdominanz: Durchsetzung, Vorteilsnahme und Wirtschaftskampf. Eine Theorie, welche ihre zukünftigen Konsequenzen unwissenschaftlich ausklammerte. Sie ignorierte die beschränkten Ressourcen und den Naturverbrauch. Als Wissenschaft verkauft, ohne diese Randbedingungen zu benennen. War gewinnbasiertes Wachstum doch so erfolgreich! Die Menschheit wuchs. Ihre Möglichkeiten, das Angebot von und die Nachfrage nach immer mehr Gütern schienen tatsächlich unbegrenzt. Doch es war unseriös und unwissenschaftlich, die Gesamtwirklichkeit auszuklammern. Die Wirtschaftswissenschaft missachtete und missachtet in ihrer überwiegenden Mehrheit immer noch die Begrenztheit unserer Welt. Jetzt aber schuldhaft! Ein fortwährendes Wachstum anzunehmen, welches auch immer, ist der größte und folgenschwerste Irrtum dieser Wissenschaft. Aber wer hat schon die Größe einzugestehen, dass dies ein Grundsatzfehler war? | [105]

Die Freiheitsidee der Europäer gipfelte im wirtschaftenden Individuum. Selbstgesteuert produzieren wir das Lebensnotwendige rational und systematisch. Mit der Betonung des Besitzes kamen neue Mechanismen in Gang. Geld bündelte die Verpflichtungen anderen gegenüber. Das bedeutete Macht. Geld wurde emotional. Heute differenziert sich unser Umgang mit dem Geld grundlegend. Lässt es uns nur den wirtschaftlichen Vorteil suchen? Oder hält die individuelle Freiheit dagegen? Kann es auch soziale Verpflichtung sein?

Alle handeln im Wirtschaftssystem, jeder in der Welt, auch jede Krankenschwester beispielsweise. Sie pflegt unermüdlich, oft leidenschaftlich, stellt die geringe Entlohnung nicht in den Vordergrund. Ähnlich kommt der Schreinermeister mit seinen wenigen Gesellen oft finanziell gerade so über die Runden. Selbst jeder Soldat, ob er der Freiheit oder einem zwängenden Staat dient, bekommt Sold. Oder einer begeisterten und begeisternden Künstlerin reichen ihre Auftritte oft gerade zum Essen und Wohnen. Vielleicht träumt sie ja, groß rauszukommen. Geld ist für Forscherinnen und Forscher Mittel, das sie brauchen, um Erkenntnisse zu gewinnen. Das hilft uns Menschen. Forschern bringt ihre Arbeit Befriedigung, Anerkennung und ein vernünftiges Auskommen. Seltener ist ihr Antrieb aber, Ergebnisse mit Unternehmen auszuwerten und zu vergolden. Ans obere Ende der Individualität setzte sich da ein gewiefter Immobilienmakler, der in Fernsehshows mit Gewinnemachen prahlte. Also wollten viele *dealer* werden und machten ihn zum Präsidenten und seinen Besitz größer. Sein Amtsverständnis war Klamauk, Egoismus und Geldmacht. Er war genialer Spieler mit der Medienaufmerksamkeit und Verdichter des US-amerikanischen. Da war es selbstverständlich, *twitter* zu kapern oder etwa Grönland oder begehrte ausländische Firmen kaufen zu wollen. Frühere Präsidenten dachten da nicht anders. Bill Clinton brachte es 1992 auf den Punkt: *It's the economy, stupid!* Anderswo nutzten Oligarchen oder Unternehmer ihre Geldmacht und dekorieren sich mit erfolgreichen Fußballklubs. Alles nur Farbkleckse in einem großen Gemälde. Wie frei oder mächtig macht Geld?

Alle Menschen, auch diejenigen, die gesellschaftlich, wissenschaftlich oder politisch wirken, etwas gestalten wollen, brauchen ein Gestaltungsmittel. Sie brauchen Geld. Zum Werben für ihre Ideen oder um zu forschen und zu entwickeln. Der Einfluss und die Entscheidungsgewalt, die etwa erfolgreiche Politiker haben, macht begehrlich. Aber auch Politiker selbst sind begehrlich. Ist es da verwunderlich, wenn das Geld der Wirtschaft die Parteien sucht und Politiker ihrerseits das Geld? In der Beeinflussung des Politikbetriebs durch Geld führend sind die USA, ehemaliges Vorbild für Demokratie. Dort fließen etwa enorme Geldmengen in Wahlkampagnen. Es sind sehr viele Millionen Dollar. Dies schafft Vorteile, Abhängigkeit, beeinflusst Aussagen und auch politische Inhalte. Zusätzlich zum Sprung über die tatsächliche Hürde, gewählt zu werden. Aber auch Gesetzgebung ist oft ein Millionenspektakel. Sind die USA, und in ihrem Schlepptau manch andere Staaten, nicht schon *Kapitalokratien* der *lobby*? Geld ist aber genauso für autoritär geführte Staaten das entscheidende Mittel, ihren Machtapparat gefügig zu halten. Dies stabilisiert und sichert ihre Macht.

Noch immer meinen viele oder suggerieren uns, nur freies Unternehmertum fände immer eine Lösung. Kapital schaffe immer innovativen Fortschritt. Dazu treibe das Eigeninteresse an, der Wunsch nach Besitz. Kapital ist zweifelsohne ein Innovationsmotor, sucht aber vorrangig oder ausschließlich den wirtschaftlichen, egoistischen Erfolg. Dabei sollten wir nicht vergessen, dass schon allein die Neugier viele heute selbstverständliche Kenntnisse und Innovationen hervorgebracht hat. Es treibt der Reiz, einfach etwas herauszufinden, sich einer Idee zu vergewissern. Auch soziale Folgen, Gemeinschaftserhaltendes stimuliert manche, Zusammenhänge zu ergründen, helfendes Wissen aufzubauen. Für Kapitalinteressen allein wären etwa Klima- und Naturschäden eher nachrangig, nicht im Fokus, hinderten nur. Denn das Mittel wirtschaftlichen Erfolgs ist Konkurrenz, oft Verdrängung. Eines der Mittel ist da der Patentschutz, der hilft, persönliches Wissen ausschließlich selbst wirtschaftlich nutzen zu können. Wie problematisch das sein kann, wird beispielsweise besonders sichtbar bei Impfstoffen. Sie bekämpfen eine Gesundheitsgefahr die alle trifft, die aber auch alle befördern. Wissensvoraussetzung für die Entwicklung solcher Stoffe ist immer auch der soziale und ausbildende Hintergrund. Auch werden heutige Innovationen durch öffentlich finanzierte Forschung vorbereitet und oft direkt staatlich gefördert. Durch solche Patente schützen Wirtschaftsunternehmen beispielsweise ihre Arzneimittelentwicklungen. Erzielbarer Gewinn wird so privatisiert, Geld vor nachahmendem Geld geschützt. Bei einer globalen Gefahr wird dann notwendiger Lebensschutz zur Geldfrage. Solch ungezügeltes, oft aggressives Besitzstreben nimmt auch wenig Rücksicht. Das gilt besonders für die zur Produktion benötigten Ressourcen, an Menschen genauso wie an Material und Natur. Das Beispiel *par excellence* sind da die USA, zweifelsohne die Weltinnovativsten. Unser Heute wäre ohne ihre geldgetriebene Innovationskraft nicht denkbar. Ihr Geld hat Spitzenforschung und Eliteuniversitäten erst möglich gemacht, also die Bildungsvoraussetzungen geschaffen. Aber um welchen Preis? Ihre Bevölkerung ist gespalten und sie sind größte Schädiger von Klima und Natur. Egoistisches Gewinnstreben, Innovation aus Eigennutz, sind eine uns alle treffende Gefahr. Die Schäden dieses Wirtschaftsdenkens sind schon deutlich sichtbar.

Eine andere Antriebswährung für wirtschaftliches Unternehmen kann auch der soziale Erfolg sein, die Suche nach Anerkennung. Oder es treibt schlicht, mit Reichtum gestalten oder über Andere bestimmen zu können. Kapital verallgemeinert so das Anführerprinzip. Aber auch sozial moderierte Wirtschaftsformen wurden entwickelt. Sie versuchen, den fairen Ausgleich zu schaffen, zwischen Unternehmen und den dafür Arbeitenden. Sie haben sich als bisher beste Wohlstandsgaranten für viele gezeigt. Ein Wohlstand, an dem sich viele beteiligen können, der für viele zur Aufstiegschance werden kann. Auch diese Anreize waren sicherlich ein starker Innovationsmotor. Denn unsere kulturellen Erfolge haben wir nicht nur mit Gewinnabsichten erzielt. Das gilt für alle Bereiche, sei es im Sozialen, im Medizinischen, im Technischen, bei der Ernährung, bei allem Geschaffenen. Es waren viele Erfolge. Sie entstanden, weil das gesamte Potential der frei Entscheidenden beteiligt war.

Sich in die Zukunft auswirkende Fehlentwicklungen kann wohl nur wissenschaftliche Expertise verhindern. Was wirtschaftliches Handeln verursacht, benennt nachprüfbares Wissen sicher. Für eine verantwortliche Regierungsarbeit in unserer voll gefüllten Welt wird Wissen daher immer wichtiger. Und diese transparente Beteiligung ist wohl nur in funktionierenden Demokratien der Fall. Forschung aber wird immer kostspieliger. Für neue Erkenntnisse muss ein immer größerer Aufwand getrieben werden. Es entsteht ein Finanzierungsproblem. Das ist gleichzeitig ein Einflussproblem. Fördern Staaten ihre Forschung oder sind es Unternehmen? Welche Bedingungen stellen sie? Werden Erkenntnisse öffentlich zugänglich und damit allgemein nutzbar? Genauso wichtig für den Erfolg aber ist, ob es gelingt, das entsprechende Forschungspotential zu bündeln. Hier spielt die Ausstattung, insbesondere die digitale Kommunikation, eine entscheidende Rolle. Ähnlich wichtig wird das gezielt aktivierbare kreative Engagement. Der hat Vorteil, der Potential bündeln kann, unser Mittel dazu ist Geld. Gehört daher dem Großkapital oder zentral geführten Großstaaten die Wissenszukunft?

Eine gänzlich andere wirtschaftliche Strategie verfolgt das immer schon bevölkerungsreiche China mit seinem jetzigen Fünftel der Weltbevölkerung. Sie haben in unvorstellbarer Geschwindigkeit Technik, Wirtschaft, Waffen und Mondlandung der USA konsequent kopiert. Und das vom durch Mao Zedong erzwungenen Nichts aus! Chinas große, homogene Bevölkerung und deren Disziplin sind ihre Stärke. Im Gegensatz zum kapitalistischen Westen haben sie sich Gemeinwirtschaft ohne privates Besitzstreben verordnet. Im Prinzip. Die früh von Kung Fu gelehrte Selbstdisziplin und Einordnung in die Gemeinschaft hat immer noch großen Einfluss. Es soll kein egoistisch wirtschaftendes Individuum geben. Es gibt keinen liberalen, vom persönlichen Gewinn getriebenen Handlungsspielraum. Zumindest parteioffiziell, denn die Partei reguliert schlussendlich. China experimentiert dennoch und sehr erfolgreich mit einer neuen, gelenkten Wirtschaftsdynamik. Der kapitalgetriebene Ansatz des Westens, wohl als überlegen akzeptiert, hat sich durchgesetzt. Dennoch wird alle wirtschaftliche Tätigkeit in China zentral bestimmt und gesteuert. Unternehmen müssen den Anforderungen des von der Partei gelenkten Gemeinwohls genügen. Der persönliche Handlungsanreiz beschränkt sich auf soziale Vorteile, auf mehr Einfluss. So die offizielle Sicht. Mit der Übernahme von immer mehr westlichen Wirtschaftsmethoden baut sich dennoch ein Besitzgefälle auf. Parteikonforme Wirtschaftsführer und ihre Unternehmen können jetzt durchaus Besitz aufhäufen. Doch findet sich das, was im westlich individuellen Wirtschaftssystem der Einzelne ist, beim chinesischen Handeln im Kollektiv. Idealerweise. Es produziert mit konzentriertem Personaleinsatz und großem Mengenausstoß. Gepaart mit zentraler Steuerung und beschränkter Besitzabschöpfung wurden Chinas Produkte effektiv und preisgünstig. Besonders Chinas immenses Potential an Kunden und seine noch billigen Produkte sind im Westen begehrt. Daher wurde China in den Augen des Westens hoffähig, trotz Kommunismus und uniformierter Gesellschaft. Nach außen hin nutzt auch China die Macht des Geldes, global ist es ein zutiefst kapitalistischer Konkurrent. Es wird eingesetzt um mit anderen Staaten und deren wirtschaftlichen Machtpotentialen zu konkurrieren. China nutzt auch konsequent den internationalen Geldfluss, um seinen Einfluss auf Märkte und Technologien zu seinem Staatsvorteil auszuweiten. Folgenreiche Konsequenz des chinesischen Wirtschaftserfolgs ist die damit einhergehende Klimaschädigung. Wird das zentral gesteuerte Wirtschaftsmodell bald alle anführen? Was bedeutet das für Klima und Natur?

Erst Karl Marx hat die Wirtschaft als politisch-gesellschaftliche Größe benannt und in den Diskurs eingeführt. Seit Marx' folgenreicher Warnung vor dem Kapital als dem Gesellschaftsbestimmenden hat sich das Primat der Wirtschaft immer mehr gefestigt. Heute wird es nicht mehr in Frage gestellt. Davor kam diese unbestreitbare Lebensnotwendigkeit in Gesellschaftsordnungen eigentlich nicht vor. Nicht in den alten Götterordnungen, nicht in späteren Freiheitsmanifesten und selbst in demokratischen Grundordnungen nicht. Heute aber gilt die Erfahrung: Wirklich frei ist in der demokratischen Welt, was gesellschaftliche Stellung angeht, wer wirtschaftlich erfolgreich ist. Der Kapitalismus wurde zur *ultima ratio*, zum Allesbestimmer fast der gesamten Menschheit. Es ist unser bisher erfolgreichstes, nicht mehr ersetzbar erscheinendes Handlungskonzept. Es ist heute zu unserer selbstverständlichen, arbeitsteiligen Lebensform geworden. Das Kapital, auch die marktwirtschaftlichen Zwänge genannt, von den Entwicklungsführern erfunden, gilt unangefochten. Dessen Primat setzten sie weltweit und nicht nur mit Samthandschuhen durch. Geld initiiert alles, regelt alles, mischt überall mit. Geld ist allgegenwärtig, noch habhaft aber bald nur noch als elektronische Infokette. Naturausbeutung, Handel, Produktion oder alles Gesellschaftshandeln ist vom Geld gesteuert. Regierungen werden am wirtschaftlichen Erfolg gemessen, auch kommunistische. Geld erlaubt Wenigen, die Vielen anzuweisen. Denn auch diese Vielen wollen leben, brauchen Geld. Eine fortdauernde Auseinandersetzung der Gruppen, die sich gegenseitig für ihr Lebenkönnen brauchen.

Frei und erfolgreich zu wirtschaften, bedeutet immer mehr und komplexere Waren, immer mehr und differenziertere Dienstleistungen, bedeutet gesteigerten Mehrwert. Wirtschaftskonform bedeutet oft mehr Energie, mehr Ressourcen, also durch aufwändigeres Handeln mehr zu schädigen. Erdaufheizung und Umweltzerstörung sind daher systembedingt. Die Beschwichtigung lautet dann meist: Klimaschäden könnten ja mit Geld wieder repariert werden. Beispielsweise decken wir heute Schädigung einfach mit gekauften Verschmutzungsrechten zu. Mit Geld bezahltes Recht auf Schädigung. Geld das vorher durch Schädigung generiert wurde. Das schiebt, wenn überhaupt, die Folgen lediglich hinaus. Wahrscheinlich können diese Rechte ja die Nachfrage nach Waren steuern und so schädliche Wirkung reduzieren. Aber die großen Unterschiede in der Verteilung des Kapitals werden bleiben. Denn es wählt immer egoistisch aus, befriedigt seine ureigenen Interessen und lenkt Massenströme. Lässt der Anreiz des Kapitals, sein unersättlicher Ressourcenhunger, uns Menschen letztendlich scheitern?

Geld verschafft Vorrechte, die viele nutzen wollen. Es ist unsere Form anerkannter Vorteilsnahme. Es ist unser Imperativ, treibt emotional, kennt kaum Moral, kennt kaum Soziales, kann sogar skrupellos machen. Normen dagegen könnten egoistisches Handeln begrenzen. Wenn sie denn ethisch begründet oder Überleben sichernd das Besitzstreben einschränken. Selbst das Ideal der Freiheit ist der Macht des Geldbesitzes ausgeliefert, dem Wirtschaftsvorrang ausgesetzt. Freiheit wird oft mit Kapitalismus buchstabiert. Noch wollen wir, dass Wirtschaft und Industrie weiter wachsen. Denn wir gieren nach immer mehr Geld. Damit kaufen wir komfortablen Vorteil, mehr Freizügigkeit und das Gefühl eigener Geldmacht. Ein Machtpotential für Einzelne, das sich durch die weltweit verbundenen Massengesellschaften noch vervielfacht. Es ist ein individueller wirtschaftlicher Antrieb, der Besitzunterschiede in den reichen Ländern beschleunigt und vertieft. Einer, der auch die Kluft zwischen Arm und Reich in der Gesamtwelt vergrößert. Doch kann Geld auch helfen, diesen Gegensatz, Leid und Hunger zu lindern. Aber das ist leider nur kosmetisch, ändert nichts grundsätzlich. Ist der wirtschaftlich erfolgreiche Einzelne tatsächlich zufriedener, ja glücklicher?

Die konkurrierenden Einzelnen sind das Eine. Ihnen ist freigestellt, den Nachbarn eines wirtschaftlichen Vorteils wegen zu übertrumpfen oder mit einer neuen Idee Erfolg zu haben. Das Andere aber sind die Staaten, die Wirtschaftsblöcke. Auch sie konkurrieren weltweit miteinander. Was dem wirtschaftenden Einzelnen recht ist, scheint auch den Staaten billig. Denn sie suchen in gleicher Weise Vorteile für sich, besonders wirtschaftliche, gesellschaftspolitische, aber auch machtpolitische. Ein Beispiel dazu sind potente Auslandsfirmen, die eingeladen werden, sich niederzulassen. Stillschweigend dürfen sie billig und umweltschädigend produzieren. Denn Einnahmen versprechen Wohlwollen beim Wahlvolk und schützen vor aufbegehrenden Untergebenen. Regierungen konkurrieren um Vorteile auf Kosten von Klima und Natur. In der ganzen Welt sehen sich immer wieder regierende Fantasten zu kurz gekommen, von anderen über den Tisch gezogen.

Geld ist regional höchst unterschiedlich verteilt. In einer heute eng verzahnten Welt der ganz unterschiedlich entwickelten Gruppen, der ganz unterschiedlich potenten Staaten, der ganz unterschiedlichen Fähigkeiten und der ganz zufällig verteilten Ressourcen. Geld konzentriert sich im individuellen Westen auf ganz Wenige und in China hauptsächlich auf den Einheitsstaat. Sie bestimmen über große Menschengruppen, nutzen deren Hang zum Gelenktwerden aus. Es gibt aber auch bitter arme Staaten. Wir sind diese Ungleichheiten ja lange gewöhnt. Das Vorteil verschaffen wächst sich heute aus zur existenziellen Herausforderung aller Menschen, der ganzen Erde. Es sind unsere Kundenansprüche, die das Leben aller verarmen, ja bedrohen. Ein egoistisch oder durch Machtzirkel gesteuerter Verbrauch an Ressourcen und Natur. Dies ändert vieles, womöglich ultimativ.

Geld ist grenzenlos, kennt keine Staatsgrenzen. Auch weltweit wirtschaftende Unternehmen gehen darüber hinweg. In ähnlicher Weise nutzen interessierte Staatenlenker das Nationale unmerklich und subversiv, um konkurrierende Staaten zu übervorteilen. Wie tatsächlich veraltet das nationale Prinzip ist, hat uns beispielhaft eine Finanzkrise 2008 oder 2020 ein Virus vorgeführt: Das um die Welt schwappende Geld und ihre Protagonisten sind der eigentliche Antreiber der Globalisierung. Geld durchdringt jetzt alle Erdteile, alle Bereiche des Lebens, bildet neue Machtzentren. Seien es die politische oder die Arbeitswelt, die Rechtspflege, die Bildung, die Krankenversorgung mit Medikamenten, die Altenpflege oder der Sport. All das ist nur beispielhaft herausgegriffen. Genauso wird Wissen und Können heute einfach aufgekauft. Firmen, die in der Wohlfahrt eines Staates und mit dessen Menschenpotential wuchsen, werden via Geld zum Besitz internationaler Agenten oder auch Staaten. International mitbestimmende Multis oder Staaten bestimmen weltweit die Wirtschaft und üben machtpolitischen Einfluss. Ihr kaum kontrollierbares und fast grenzenloses Kapital infiltriert. Kapital vermehrt sich aber auch ganz ohne Warenumweg. Allein die größte Vermögen verwaltende Unternehmung der Welt generiert aus Geld viel weiteres Geld. Ihr Arbeitsmittel ist über dreimal soviel wert wie das Bruttoinlandsprodukt Deutschlands oder fast halb soviel wie das der USA. Oder der Hochfrequenzhandel, also das blitzschnelle Ausnutzen unterschiedlicher Kurse an verschiedenen Weltbörsen, generiert aus Geld viel weiteres Geld, etwa halb soviel wie allein die Industriebörse New York im normalen Handel umsetzt. Das geht nur global und Globalisierung ist nichts anderes als der weltweite *run* um Geld und um Märkte. Weltweit billigst einkaufen, weltweit teuerst verkaufen. Es treibt auch der Konkurrenzdruck, das nicht Zurückbleiben können, technologisch nicht abzuhängen, um keine Absatzmärkte zu verlieren. Dieses offensichtliche Dogma treibt das *double* Erdaufheizung und Naturzerstörung unserer Welt an. Fordern aber arme Menschen globale Niederlassungsrechte für sich, beißen sie auf Granit. Welchen Sinn hat die Souveränität des veralteten Modells Staat noch? Geld ist zwar weltweit konvertibel, aber nur national gesichert. Staaten sind jedoch sehr unterschiedlich solvent. Ihre Volkswirtschaften sind heute umso erfolgreicher, je mehr Wissen und Könnensvorteil sie interstaatlich nutzen können. Zurückgebliebenen Staaten gelingt nur mitzuhalten, wenn sie noch ausreichend ausbeutbare Naturressourcen besitzen. Besonders, wenn diese von anderen Staaten begehrt werden. Wissensvorsprung und Kreativität der Industriestaaten entscheiden aber weit mehr darüber, ob mit neuen Produkten oder Technologien dauerhafter Handelserfolg erzielt werden kann. Und welche vom Wählerwillen abhängige Regierung schmückt sich nicht gerne damit? Welche Staatsführer nutzen dies nicht gerne zur Machtstabilisierung? Ein Beispiel dafür ist wieder China: Mit seiner Geldmacht erkauft es sich Handlungsfreiheit in fremden Staaten und nennt es *Neue Seidenstraße*. Oder es besticht kurzerhand Regierungen, etwa durch Spenden für deren Infrastruktur, um Einfluss zu nehmen, sich Bodenschätze zu sichern oder seine Macht auszuweiten.

Systembedingte Probleme der Globalisierung zeigen sich immer wieder. Es ist die knallharte Optimierung der Renditen. Produktteile oder Teilschritte der Fertigung suchen den günstigsten Produzenten weltweit. Fertige Waren sollen möglichst viele Märkte bedienen. In den USA etwa gibt ein großer Möbelhersteller seine Fertigung auf. In Europa seien die Rohstoffpreise günstiger. Den USA-Markt könne man ja von Europa aus bedienen. Was kümmert schon der Umweltschaden des Überseetransports? Verzahnte Fertigung und Transport machen die Weltwirtschaft immer anfälliger. Denn lokale Produktionsausfälle, besonders durch global wirkende Ursachen, und das können winzige Viren sein, zerreißen Lieferketten. Der Absatz stockt, die Weltwirtschaft lahmt. Dies trifft einerseits Unternehmen und Arbeiter finanziell. Es zeigt sich aber auch ein ganz anderer, jetzt positiver und nachweisbarer Effekt: Die dann gebremste Industrietätigkeit bedeutet weniger Umweltschädigung! Auch das gilt global. | [104]

Durch den Anreiz des Kapitals sind wir sehr effektiv geworden. Doch die ausbeutende und zerstörende Komponente, das Begrenzte unserer Welt, wird oft nicht bedacht. Denn das Streben nach Geldbesitz und die damit verbundene Handlungskraft sind neben Natur und Verstand dritter unabhängiger Entwicklungstreiber. Nutznießer sind hauptsächlich die Besitzer. Aber auch die für ihren Lebensunterhalt Mitarbeitenden leben davon, bei wirtschaftlichem Erfolg entsprechend komfortabel. Nur wuchs mit diesem Wirtschaftsdiktat eine Konkurrenz für die Natur heran, die alles systematisch zerstört. Und alle Verbraucher sind daran beteiligt. Doch unsere Erde ist eine begrenzte Ressource. Dies beschränkt absolut. Noch sehen Wenige, dass unser Wirtschaften nicht zuletzt der Grund für Erdaufheizung und Naturzerstörung ist. Dass viel, ja alles auf dem Spiel steht, selbst der Verlust von Leben. Beispielsweise beklagen jetzt Gruppen völlig zurecht bei der UN ihr Menschenrecht auf Leben. Es sind die durch Unwetter und Überflutung gefährdeten Altaustralier der *Torres Strait,* aber auch andere. Wird die Natur jetzt zum unerbittlich zurückschlagenden Feind, zum treffsicheren *boomerang?* Können wir den drohenden Kollaps noch abwenden? Brauchen wir einen neuen Ansatz für unser Denken und Handeln? Steht unser Motivator Geldbesitz in Frage? Sind die Wirtschaftstreiber nur kurzzeitige Gewinner? Halten wir Komfortverbraucher uns noch so lange es geht schadlos? | [107]

wie organisieren wir uns?

Wie hat sich all dies entwickelt? Wie haben sich die heutigen Probleme zusammengebraut? Der Mensch wollte natürlich vorankommen. Schon ganz früh hat einer der Vordenker des westlichen Kulturstrangs im ersten Buch Mose dies verstärkt, die falsche Spur gelegt: *Seid fruchtbar, füllet die Erde und machet sie euch untertan.* Dieser noch wenig wissende Aufbruch, vom unsicheren Gefühl getrieben, hat dem suchenden Verstand freie Hand gegeben. Dass dieses systematische Handeln aber Konsequenzen produzieren würde, war noch nicht auf dem Radarschirm. Die dynastisch organisierte Königsidee löste dann das alles verursachende Göttliche ab. Parallel dazu entwickelten Priester und die neuen Herrscher die Geldidee als Besitzkonzentration. Mit Macht und Geld erkämpften sie sich Herrschaftsbereiche, das Gerippe unserer heute konkurrierenden Staaten. Spät breitete sich Wissen aus. Damit erkämpfte das Volk Lenkungsrechte. Sie riefen Meinungsfreiheit, machten aber das Geld, also das Besitzenkönnen, zur Lenkerzählung aller. Geld, unser neuer Glaube. So motiviert wurden wir mehr und machten uns die Welt untertan. Nun zeigt sich, dass dies Folgen hat. Sich über die Natur zu stellen, über den eigenen Lebensgrund, war vermessen. Ist der Naturprozess jetzt dabei, diese Anmaßung zu korrigieren? | [73]

Die soziale und politische Szenerie prägen heute Staaten mit ihrem politischen und wirtschaftlichen Handeln. Die Idee hinter den heutigen Staaten war nicht zuletzt das Ordnungsschema vom *Gottesvolk*. Zu Volk und Nation verklärt, in Staaten konserviert, die Hoheitsrechte auf Land, Meer und Ressourcen beanspruchen. Wir grenzen uns ab, grenzen andere aus, teilweise ins Nationale übersteigert. Was uns als Ethnien aber allenfalls unterscheidet, sind die viele Generationen lang auf unsere Entwicklung einwirkenden Umweltbedingungen. Sie beeinflussten unsere Äußerlichkeit, auch unsere genetischen Gegebenheiten, sonst aber nichts. Was uns aber schon als Neugeborene tatsächlich unterscheidet, ist das zufällige soziale Umfeld und die Glaubenswelt unserer Eltern. Ob wir als Millionärskind geboren werden, als Kind in Wirtschaftsnationen, von Religion Angetriebenen, in privilegierten Machtfamilien oder in *slums* der *townships* oder ob wir schwarz, rot oder gelb sind, entscheidet eklatant über unsere Lebenschancen. Wer kann sich denn schon seine Eltern aussuchen? Wir können jedoch heranwachsend unsere Entwicklung ein klein wenig selbst steuern. Wir können bestimmen, mit wem, und insbesondere wie wir zusammenleben. Und wir können uns von den Uraltmärchen, von Glaube und Nation lossagen. Wir können als Generation neuer, jetzt globaler Gemeinsamkeit heranwachsen!

Heutige Völker sind eine Momentaufnahme von Jahrzehntausenden andauernder Migration und Kampf. Viele unserer Staaten wurden von Eliten zusammengezwungen, die dem Gemenge aus erfundener Religion und Lenkinteresse entstammten. Deren Ordnungen waren ihr Gewaltmonopol nach innen. Niemand thematisiert den uralten Unsinn, mit dem manche dieser Machtcliquen heute noch zwingen. Schon früh nahmen sich auch weltliche Herrscher das Gewaltmonopol. Sie drangsalierten ihre Völker jetzt zum eigenen Vorteil. Manche tun es immer noch. Aber Menschengruppen, Völker, haben sich auch zusammengetan und lange Zeit gegen diese Elitengewalt angekämpft. Sie begannen sich selbst zu verwalten, die Gewalten zu teilen und selbst zu kontrollieren. Es war Freiheit in ihrem Staat, sie genossen *innere* Freiheit.

Völker haben immer Nachbarn. Dies kann Konflikt bedeuten. Gewalt wird dann über Staatsgrenzen hinaus ausgeübt. Unsere Zivilisationsgeschichte ist voll vom Kriegswahn. Kriegsgründe fanden sich immer. Oft waren es Kriege um die religiöse *Wahrheit*, genauer um die kultbegründete Vorherrschaft. Später mischte sich die Königsidee mit der Volksidee und machte kriegerisches Töten zu einer Konstante unserer Machtkultur. Kriege nutzten dem reinen Machtzuwachs, dem Landgewinn einschließlich dazu gewonnener Naturressourcen, aber auch erweiterter religiöser Lenkung bei meist mäßigem Verlust an menschlicher Ressource. Kriegserfolg bedeutete Vorteil für die Machteliten und oft auch bessere Entwicklungschancen für das siegreiche Volk. Selbst in der Agonie nach großen Kriegen verhalf der Zusammenbruch des Alten meist zum Drang nach Neuem. Dieses Vorherrschaft sichernde Wettrüsten fand mit der Atombombe ihren vermeintlich systematischen Abschluss. Auch diese Waffe wurde nicht zuletzt von glaubenden Männern erfunden, gebaut und gezündet. Atomares, alles verstrahlendes Zerstörungspotential gefährdet jede Vorteilsnahme, behindert jeden Neuanfang. Der Nationenkrieg mit Atomwaffen um Entwicklungsvorteile schien dadurch unnütz geworden. Auch hatten die letzten Weltkriege mehr menschliches Potential vernichtet, als dass Kriegsparteien sich noch Vorteile hätten erkämpfen können. Daher scheint das Kriegen für die großen Nationen unrentabel. Auch reizt sie ihr Komfort jetzt mehr. Doch irrationales Machtkalkül und männlich-rechthaberische Gewalt spielen immer noch damit, spielen mit unserem Siechtum oder Untergang. Da wird flankierend zum Wirtschaftskampf trotz unseliger Vergangenheit immer noch aufgerüstet, Macht dokumentiert. Es sind oft autoritäre Eliten kleinerer, meist weniger entwickelter Völker, auch verbohrter Religionsmänner, die ihr Waffenarsenal durchaus noch einsetzen. An diesen regionalen Händeln hat die weltweite Waffenindustrie ein Interesse. Waffenarsenale lassen sich dort testen und an die Streithähne verkaufen. Daneben bietet moderne Waffentechnologie auch Mächtigen die elegante Möglichkeit, Einflusszonen auszuweiten und den Zugang zu Ressourcen zu sichern. Die Neigung bleibt also, Konflikte blutig auszutragen. Nationalismen, religiöse Ideologien, Ressourcen, wirtschaftliche Vorteile und Machtgelüste reizen. Das nutzen Machtmänner immer wieder aus. In unserer übervollen und eng verwobenen Welt beschleunigt jedwede kriegerische Auseinandersetzung die Naturschädigung. Das gilt für konventionelle oder nukleare Kriege. Denn wir stecken große Mengen an Energie in die Zerstörung. Damit heizen wir die Lufthülle in solch nutzlos gewordenen Kämpfen zusätzlich auf. Viele zuvor angesammelten Ressourcen gehen dabei verloren. Der zu entrichtende Blutzoll ist groß und schmerzhaft. Selbst ein atomarer Krieg aber würde die Milliarden Menschen nicht nennenswert dezimieren. Nur die kriegsbedingt geschwächte Wirtschaftstätigkeit könnte eine Delle in den Energieverbrauch drücken. Und des Krieges müde geworden, vergeudet ein danach wieder einsetzender Wiederaufbau verstärkt

Ressourcen, heizt unsere Atmosphäre weiter an. Hat Nationalismus noch irgend einen Sinn?

Mit Schamanen, mit Räten der Stammesältesten oder auch auf wenige Männer beschränkten Abstimmungen begann unsere Lenkung. Dann bestimmten Priesterschaft und Adel nach Gutdünken. Irgendwann wurde das Verlangen drängend, sich unabhängig von traditionellen Machtzirkeln selbst zu steuern. Führend im Befreiungskampf war der die Entwicklung anführende europäischeKulturkreis. Die Demokratie, ein Ideal aus einer Zeit der griechischen Marktplatztribunale überschaubarer Gruppen, wurde wiederentdeckt. Wiederentdeckt in den sich neu bildenden eigenständigen Nationen. Im wesentlichen begann das Mitbestimmen als *direkte Demokratie* der Sachentscheide. Mitbestimmend wuchs auch das Verlangen nach Freiheit, wuchs der Wunsch danach, seine Lebensführung selbst zu bestimmen. Schnell wurde aber klar, dass Freiheit auch ermöglichte, dass jeder Freie sich Ressourcen anhäufen konnte. Dieser persönliche Besitz wurde zu einem Treiber, zu einem Charakteristikum der neuen bürgerlichen Ordnungen. Politische Freiheit und gleichzeitig wirtschaftliche Freizügigkeit wurden aber zuerst nur innerhalb hochentwickelter europäisch beeinflusster Staaten erkämpft. Erst allmählich fand der demokratische Ansatz seinen Weg entlang früherer europäischer Eroberungen. Wirtschaftliche Freizügigkeit und freizügiger Handel auch zwischen den Staaten versprachen Vorteile und wurden entwickelt. Beginnender Wohlstand in den wirtschaftlich erfolgreichen Staaten versprach auch Sicherheit. Dies führte zur Individualisierung. Die wirtschaftliche Freiheit spornte an und machte die demokratische Bewegung stark. Um wirklich zu funktionieren, setzt Demokratie aber eine demokratiefähige Gesellschaft voraus. Denn politischer Wille, die Vorstellung von den eigenen Lebensbedürfnissen und dem Platz in der Gemeinschaft, muss selbstbestimmt formuliert und demokratisch vorgetragen werden können. Diese freie Selbstbestimmung, Grundlage jeder demokratischen Ordnung, bedeutet aber prinzipiell, Erfundenes, Überweltliches abzulegen. Doch selbst manche aufgeklärt modernen Europäer verharren noch immer in ihren angeblich gottgegeben ethischen Ordnungen. Eine von Religionsentwicklern erfundene Fremdbestimmung. Wirkliche Selbstbestimmung aber baut auf selbstbestimmter Ethik auf. Demokratische Sachentscheide, die frühe Wurzel der Demokratie, finden in unserer heute komplex gewordenen Welt kaum noch statt. Reste direkter Willensentscheidung pflegt beispielsweise noch die kleine Schweiz. Sie stellt immer wieder einzelne Ordnungsfragen zur Entscheidung. Auch unsere prinzipiellen Ordnungsrahmen, unsere Grundordnungen etwa, könnten konkrete Sachentscheide qualifiziert basisdemokratisch festlegen.

Schon in der mittelalterlichen Ständeordnung beginnend, aber mit zunehmender Komplexität der gesellschaftlichen Fragestellungen und deren Regelung verstärkt notwendig, hat sich die Ordnungsfindung durch die *Vertreterdemokratie* durchgesetzt. Die Bürger entsenden Vertreter in eine zeitlich begrenzte Versammlung. Ausschließlich diese Versammlung fällt dann alle Ordnungsentscheide durch freien Meinungsstreit und Kompromiss. Damit alle an der Wahl der Vertreter gleichgewichtig teilhaben können, sollten individuelle Unterschiede in bildungsbezogener und wirtschaftlicher Hinsicht vermieden werden. Diese gleichgewichtige Teilhabe verpflichtet dann die Gesellschaft, alle Kinder bestmöglich auszubilden, ihnen gleiche Startchancen als Bürger zu geben.

Die Vertreterdemokratien hochentwickelter Europäer und besonders in Nordamerika wurden zum Versprechen: Die Einzelnen könnten ihre Vorstellungen von Selbststeuerung fast uneingeschränkt umsetzen. Dieses Ideal reduzierten dann viele auf die wirtschaftliche Freiheit, auf Besitzfreiheit. Doch nur Privilegierte und Starke setzten sich durch, konnten besitzen, sich so Lebenssicherheit schaffen. Und dies galt zu allen Zeiten. Wachsender Besitz diversifizierte die Gesellschaft immer stärker, trennte in arm und reich. Besitz wurde zu einer neuen, innerhalb der Heimatstaats garantierten, zu einer *inneren* Freiheit. Mit Geld konnte dort Land privatisiert und Einfluss vergrößert werden. Ein bedingter Freikauf von staatlicher Gewalt. Später kauften sich Erfolgreiche mit einer in der Welt frei konvertierbaren Valuta auch *äußere* Freiheit. Ein weltweiter Einfluss, nationaler Gewalt weitgehend entzogen.

Viele Staaten bezeichnen sich heute als Demokratien, von gewählten Vertretern gelenkt. Nach dem Demokratieindex des *Economist* lebt etwa die Hälfte der Weltbevölkerung in funktionierenden Vertreterdemokratien. Bei diesem *ranking* sind auch Staaten mit nur bestätigenden oder überwachten Wahlen von Autokraten dabei. Genauso auch die gewählten Präsidenten mit weitreichender, fast diktatorischer Machtbefugnis. Welch abweichendes Formenspektrum Demokratien annehmen können, zeigen einige auffällige Beispiele. China, USA, Russland, Brasilien, Belarus oder etwa die Türkei werden von einem gewählten Präsidenten beziehungsweise Vorsitzenden angeführt. Sie haben weitreichende, fast absolute Machtfülle. Männer, die nicht zuletzt mit Geld, klerikaler Unterstützung oder wegen anderer gruppenspezifischer Interessen gewählt werden. In China bestimmen nur die Mitglieder einer Einheitspartei, wenn nicht gar ein kleiner Machtzirkel. Ist Machtpolitik nicht oft Kampf um eigene Vorteile? Sind es nicht immer noch aggressive, selbstbezogene Machtmänner, welche die Welt unter sich aufteilen? Wer politisch gestalten will, egal ob diktatorisch oder demokratisch, muss lügen. Denn Gelenkte mögen die Wirklichkeit nicht ungeschminkt. Das ist auch ein Grundsatzproblem der auf Wählergunst basierenden Demokratie. So ignorieren viele die drohende Klimakatastrophe konsequent, oder sehen sich davon in Macht und Lenkung gestört. Wohlgemerkt, alle, auch die fast Diktatoren werden gewählt. Direkt gewählt oder über Parteivertreter, mit zeitlicher Beschränkung, oder auch lebenslang. Wie gefährlich sind solche männergeführten Staaten und ihre sehr unterschiedlichen Ordnungen für unseren weiteren Weg? Die Handvoll Staatsführerinnen die es heute in der Welt gibt, sind dagegen eher friedfertig, für Probleme sensibel, Menschen zugewandt. | [91]

In den immer komplexer verwobenen Gesellschaften, nicht nur des demokratisch firmierenden Westens, bündeln Parteien die Bürgerinteressen. Idealerweise bilden sie dabei die plurale Meinungsvielfalt ab. Die Parteigremien formulieren periodisch Handlungsversprechen, die sie nach ihren Ideen und auch nach denen ihrer Wähler gestalten. Es sind materielle Handlungsziele und wirtschaftliche Rahmenbedingungen. Aber es ist auch gesellschaftliches Verhalten, eben die Notwendigkeiten und Ordnungen demokratischen Zusammenlebens. Das Parteienmodell reicht von der Einheitspartei und ihren Alleinherrschern über das historische Zweiparteienmodell bis zur Parteienvielfalt der Moderne. In Ein- und Zweiparteiensystemen konservieren oft Eliten ihren politischen Einfluss. Es sind meist sich gegenüberstehende Blöcke früher Parlamentstradition, Sammelbecken durchaus unterschiedlichster Strömungen. Heute längst überholt. Themenvielfalt, zeitgemäße Lebensentwürfe, ja Mitsprache von Minderheiten, tun sich da schwer. Ein modernes Parteienspektrum verspricht da besser, die Lebenswelt ihrer Bürger abzubilden. Dies reicht von ganz rechts oder völkisch national, über konservativ oder am macht- und geldpolitischen Vorteil festhaltend, sozialistisch oder umverteilend bis zu den offenen Zukunftsfragen. Radikale Konservative grenzen sich gegen alles Fremde und alle Fremden ab, bauen nationale Wagenburgen. Auch kann der immer noch vorhandene Hang zum Kultischen, zu nebulös-dräuenden *Urordnungen*, fatale Folgen haben. Zunehmend grassierend *poppen* Verschwörungskulte immer häufiger auf, nutzen unsere Verführbarkeit sehr gekonnt und stacheln auf. Dennoch nutzen sie unsere digital und global vernetzte Welt und verbreiten ihren Gedankenmoder in Sekunden. Fast schizophren, zutiefst gespalten! Gemäßigte Konservative sehen sich als selbsternannte Mitte der Gesellschaft. Sie lassen sich wohl vom Fortschrittlichen die Stichworte geben, halten aber am angeblich *guten Alten* fest. Sie meinen damit einfach Altgewohntes, oft auch die positiven Seiten alter Glaubensordnungen. Das will soziale Weiterentwicklungen angeblich bremsen, wirtschaftlich aber voran drängen, Vorteil suchen. Tendenziell stabilisiert dies alte Privilegien, seien es ererbte oder mit Besitz erkämpfte. Liberale dagegen vertreten das freie Wirtschaften ohne den Umweg der Tradition. Jeder soll sich wirtschaftlich verwirklichen, sich auch durchsetzen können. Eine freiheitliche Rechtsordnung soll dies garantieren. Sozialisten tolerieren meist, unguter Erfahrungen wegen, das freie Wirtschaftshandeln. Ihr Ziel ist es aber, den Wirtschaftsertrag möglichst unter den verschiedenen Gesellschaftsgruppen eines Landes ausgleichend aufzuteilen. Sie wollen die Folgen der wirtschaftlichen Vorteilssuche für die Verlierer mildern, die abhängig arbeitende Bevölkerung. Wirtschaft soll idealerweise allen dienen, nicht grundsätzlich verhindert werden. Doch einige von ihnen wollen das Kapital begrenzen, manche gar mit der besitzgetriebenen Entwicklung brechen. Das kann zu Unfreiheit und einseitig parteilichem Zwang führen. Alle diese traditionellen Parteien sehen ihren Sinn im wesentlichen darin, ihre Wählerschaft und deren Privilegien zu sichern. Und das am besten in einem dafür stabilen Gesamtumfeld. Diese Parteien sind sozialgruppenfixiert.

Aber auch themengeprägte Parteien suchen jetzt ihre Wähler, besonders die Umweltparteien. Deren meist junge Menschen setzen auf das zunehmend wichtige Thema der Klimaveränderung und Naturzerstörung. Jung, optimistisch, wenig geregelt und sozial offen. Sie fordern die Schonung von Umwelt und Natur, wollen eine Verhaltensänderung anstoßen. Sie sehen die Warnzeichen, folgen den Mahnungen der Wissenschaft und nehmen die aufbegehrenden Kinder ernst. Der Umweltansatz ist für unser zukünftiges Überleben notwendig. Sozial- und Wirtschaftsthemen, ja alles politische Handeln, sowohl nach innen als auch nach außen, müssten sich demnach diesem *Grünen* unterordnen. Grün, also pro Klima und Natur, gilt eigentlich sozialgruppenfrei und global. Denn ob politisch links oder rechts eingeordnet, ob frauenrechtlerisch oder sexuell liberal, hat grundsätzlich keine Klimarelevanz. Doch die Welt funktioniert bisher nach anderen, nach Machtkriterien. Unsere Kultur ist Geld, Kapital bestimmt die Geschwindigkeit der Schädigung unserer Erde. Insofern sollte die Abkehr vom Kapitalismus die systemische, die strukturelle Konsequenz *grüner* Strategie sein. Könnte die oft arglose grüne Jugend daran scheitern? Ganz unabhängig davon kann eine wirklich grüne Partei keine Wohlfühlpartei sein, denn sie müsste den Verbrauch lenken, ja sie müsste hart drosseln. Das müsste sie tun im Interesse aller, besonders der Nachkommenden. Nicht umsonst werden grüne Parteien von den Wirtschaftsliberalen als Verbotsparteien verschrien. Doch wir alle müssen begreifen, dass eine intakte Lebensumwelt wohl nicht zum Nulltarif zu haben sein wird, also auf dem gewohnten Komfortniveau. Wer will schon seine Freiheiten rigoros einschränken? Wer will solche Parteien wählen? Der dennoch vorhandene Zustrom der Jungen zum Grünen weckt zunehmend andere Parteien auf. Zusätzlich kommt jetzt immer mehr Klimadruck: je mehr Unwetter und Temperaturrekorde schädigen, desto öfter bilanzieren auch Ökonomen ihre Zukunftschancen. Ihr Besitz scheint in Gefahr! Dies schafft Dynamik beim Umweltthema, zwängt sie aber zwischen Klimaschonung und ihren originären politischen Gruppenzielen ein. Sind Konservative überzeugt und ändern sich machtvoll zielorientiert? Oder sehen sie nur ihre Einflussfelle davonschwimmen?

Durch einen ganz unterschiedlichen Wahlakt legitimieren die Bürger eine pauschale Macht, oft zeitlich begrenzt. Sie delegieren dabei einen Teil ihrer eigenen Lebensinteressen. Sie wählen den Buchstaben nach Parteien und ihre Programme, vertrauen ihren Versprechungen. Tatsächlich entscheiden viele Wähler aber nach der Leitfigur einer Partei. Meist ist es ein Mann. Dessen Charisma und dessen kommunizierte Überzeugung entscheiden. Es ist gegebenenfalls auch die Angst vor einem Wandel, weniger aber die Handlungsagenda einer Partei. Ein Überbleibsel der Kultgeschichten? Wiederholt sich da unser Vatersyndrom, wenn es heute auch, aber wenige Frauen gibt? Mit ihrem Mandat fällen die Gewählten dann Entscheidungen. Manche Demokratien idealisieren die Volksvertreter. Es seien Individuen, die nach ihrem Gewissen handeln, was immer dieses auch sei. Viele Abgeordnete werden als Person direkt gewählt, sind insofern Stellvertreter genau ihrer Wähler und deren Interessen. Zur Wahl aufgestellt aber werden sie durch ihre Parteien. Ein weiteres, nicht unwesentliches Moment ist, dass Parlamentarierinnen und Parlamentarier ihr Tun als Beruf begreifen. Langjährige Parlamentszugehörigkeit ist verbreitet. Da bekommt die Wählergunst und eine mögliche wirtschaftliche Verflechtung oder finanzielle Abhängigkeit ein großes Gewicht. Und es kann auch das Selbstverständnis festigen, sich unersetzbar zu fühlen, ja über dem Alltäglichen zu stehen? Wäre eine rollierende Vertretung unabhängiger? Idealerweise konkurrieren drei Imperative oder Ansprüche an die Parlamentarier: Gilt meine Meinung, vertrete ich diejenige anderer oder muss ich der Parteiräson folgen, also den Parteivorgaben? Seltener jedoch wird nach dem Gemeinwohl gefragt. Da kämpft dann möglicherweise das Klimagewissen der Einzelnen mit der wirtschaftlich handelnden Partei. Gilt für diese Gewissensentscheidung die Spielregel: Ober sticht Unter?

Solange demokratische Gesellschaften wirtschaftlich prosperieren, ist das eigentlich rationale Konstrukt der Parteiendemokratie noch immer ein erfolgreiches Konzept. Es ist unser bisher freiestes Führungskonzept. Die auf Zustimmung angewiesenen Parteien sind oft Gruppenegoismen ausgesetzt. Sie tun sich mit Zwängen schwer, die absehbar Gruppenvorteile und Wirtschaftsinteressen beschränken. Die Folgen des Treibhausschilds und der Naturausbeutung sind solche, uns bedrohenden epochalen Zwänge. Werden der Umweltschäden wegen nur noch Arbeitsplatzverlust und Komfortbeschränkungen zur Wahl stehen? Wird der Zustrom in die Komfort versprechenden Demokratien immer größer, mobiler und die Menschen fordernder? Was ist bei ganz unterschiedlichem Einfluss der sozialen Gruppen auf Parlamente? Bedroht dies die Idee der Demokratie? Sind es nur Schönwetterdemokratien? Wer wählt schon Vertreter, die

Opfer abverlangen? Scheitern die Volkswille und Wirtschaft moderierenden Parteien? Scheitert diese Erfindung europäischer Bildungseliten, dieser lange Zeit unabweisbar erfolgreiche und scheinbar alternativlose Exportartikel?

Soweit das Ideal westlicher Demokratien. Da politisch Handelnde oft zu Selbstherrlichkeit neigen, haben kluge Vordenker Kontrollmechanismen entworfen. Meist fassten sie ihre Staatsidee in einer Grundordnung zusammen. Diese Grundordnungen sind somit ein Meinungsspektrum ihrer Entstehungszeit. Es geht um Freiheitsrechte, Vertretung durch Wahlen, das Gemeinschaftsverhalten und den Schutz von Minderheiten. Eine der grundsätzlichen Voraussetzungen ist, dass das Gewaltmonopol nur vom durch die politische Vertretung kontrollierten Staat ausgeübt wird. Da auch diese Basisordnungen dauerhaft demokratisch, also volksbestimmt bleiben sollten, wurde ein Sondermandat eingeführt. Nur eine große Mehrheit soll diese Verfassungen an die Zeiterfordernisse anpassen können. Und eine Justiz soll diese Verfassungsnormen überwachen. Dies können wohl nur unabhängige Richter sichern. Das Stichwort ist wehrhafte Demokratie. Ergänzend sollen mediale Beobachter die Regierungsarbeit öffentlich machen und bewerten. Stichwort Freie Presse. Medien sind wirtschaftlichen Zwängen unterworfen und manchem Druck von Politik, Industrie und Wirtschaftsverbänden ausgesetzt. Ihr Anspruch an Tatsache und Wirklichkeit ist durchaus unterschiedlich ausgeprägt. So etwa bei alarmierenden Klimanachrichten, die lange Zeit zurückhaltend kommuniziert wurden. Zusätzlich nehmen auch immer präsenter agierende Gruppen im Internet Einfluss, durchdringen immer weitere Bereiche. Einzelmeinungen, *influencer* und ihre Meinungsströme, aber auch gesteuerte *bots* als Verbreitungsautomaten, agieren immer erfolgreicher, auch politisch. Dieses werbende Netz ist auch idealer Humus für wachsende wirtschaftliche Monopole. Es ist ebenso interessant für Falsches, Betrügendes. Aber erfreulicherweise dient das weltweite Netz auch als Plakatwand für unabhängige Aktivisten, sei es fürs Klima, seien es politische Bürgermeinungen.

Westliche Demokratien zerfasern zunehmend im Wohlstand, häufen sich Ungereimtheiten. Denn das Demokratieideal in seinen verschiedenen Formen ist fragil, wird jetzt zusehends und vielursächlich brüchig. Demokratie lebt durch Wahlen. Sie lebt von der Erzählung, alle Bürgerinnen und Bürger seien selbstbestimmt, frei und an der Führung beteiligt. Alle Gewählten seien ihre Vertreter. Das setzt eine sozial nicht ausgegrenzte und eine durch Bildungsangebote mündige Bevölkerung voraus. Und Mitbestimmung bedeutet, dass die Wahlversprechungen in ihrer parlamentarischen Umsetzung durch die Bürger transparent überprüfbar sind. Diese plebiszitäre Kontrolle aber fehlt meist. Zusätzlich schafft unsere Globalität ein ungeheures Handlungspotential, das immer mehr Geld konzentriert. Dieses trennt jedoch Gesellschaften, erschwert gemeinsame Ordnungen grundsätzlich. Globalität bestärkt wirtschaftliches Handeln, verhindert aber Demokratie, internationale Mitbestimmung. Ein grundsätzlicher Fehler. Schlussendlich zerstört es die Demokratie, denn es hebelt die Gleichwertigkeit von Wählerstimmen vollständig aus, national genauso wie international. Sie sind aber Grundvoraussetzung der Demokratie. Behindern die Besitzvorrechte Einzelner den notwendigen Ausgleich? Entscheiden nur noch Eliten über Massen, über Minderheiten?

Gänzlich neu greifen die sozialen Medien ein. Diese Medien entstanden im Umfeld ziviler aber auch militärischer Forschung. Massentauglich wurden sie erst Anfang des neuen Jahrtausends, zuerst mit *facebook*, das ursprünglich mit *sexapeal-highscores* Studentenmänner anregte. Etwas, das mit unserer Neugier, unserem Mitteilungsbedürfnis, unserer Anonymität, ja mit uns als Voyeuren spielt um Geld zu machen. Es ist mit allen seinen Verästelungen, seinen vielen Kopisten, zur globalen Sozialplattform geworden. Ein ungeheurer Evolutionsschritt in gerade einmal 20 Jahren! Heute nicht mehr wegzudenken. Wir Menschen können dies natürlich noch nicht einordnen. Jede und Jeder kann damit global Einfluss nehmen und wird dabei gleichzeitig wirtschaftlich vermarktet. Viele neigen aber auch dazu sich in Meinungsblasen abzuschotten. Dies dörrt das Gemeinwesen aus, auch das politische. Meinungsbildung findet dadurch weniger in öffentlich transparenter Diskussion und Parteiarbeit statt. Ein rechtsfreier Raum ist entstanden, eine freie Bühne der Manipulation. Angeblich fast 10 % heutiger politischer Meinungsbildung läuft verborgen, durch käufliche Werbeagenturen im *social media* verbreitet. Grob demokratiefeindliche Geldgeber beeinflussen (etwa *VoteLeave* beim Brexit). Es ist auch eine Bühne für anonym bleibende Unausgegorenheit, für *shitstorms*, Hasstiraden und Verschwörungen. Eine potenzierte Zersetzung. Genauso anonym können sich aber auch in autoritären Staaten verfolgte Gruppen organisieren. Schon erschallt der Ruf nach staatlicher Kontrolle. Allgemein akzeptiert sind die neuen Medien als Wirtschaftsmarktplatz für alle. Spontan, egoistisch und eventgetrieben, massendynamisch, irrational, unzensiert, unterwanderbar, kaum steuerbar. In vielen dunklen Ecken lockt auch das schnelle Geld, das Verbrechen. Sind wir eine *chatting*, eine Video spielende, eine *streamig* Wirklichkeit?

Auch die Politik hat die Vorteile weltweit und sekundenschnell verbreiteter Information erkannt. Ein Warnsignal geben beispielsweise unsere ältesten, noch maßgebenden Demokratien, die USA und Großbritannien. Es sind überholte, verkrustete demokratische Ordnungen einer längst vergangenen Zeit. Zwei Gruppen stehen einander gegenüber, kämpfen um ihre Vormacht, spalten das Land. Da wird mit Reizthemen unsachlich und verfälschend, aber lautstark und wirklich gekonnt politisch Stimmung gemacht. Es wird gegeneinander aufgewiegelt, um Wählerstimmen und um Wahlspenden geworben, wichtigste Politikerpfründe. Durchsichtige Lügenkampagnen nach allen Regeln erfolgreicher Wirtschaftsdemagogie, für die das Internet wie geschaffen ist. Verführende Versprechen, die unseren Herdentrieb beschwören. Es ist das Spiel mit unserem latenten Egoismus, aber auch mit unserem Hang zur Gefolgschaft, dem Wunsch, sich auf der Seite der Starken zu fühlen. Da werden Demagogen, psychologisch Versierte, zu Meinungsführern, werfen das Konzept der Handlungsthemen über Bord. Sie formen sich ihre Wählerschaft, abhängig, manipulierbar, gerieren sich als Idol, als Führer, zerstören das Demokratiemodell. Es geht um Meinungsführerschaft, darum, wirtschaftliche Erfolgsaussichten geschickt vorzustellen, durchzusetzen. Macht, heute ausgeübt durch weltweit vernetzte mediale Erzählungen. Da glänzt die glatte *show* mit dem kumpelhaft Derben. Lassen sich Millionen Wähler damit ködern, zum Kampf gegen politische Gegner aufstacheln, Staatsvölker spalten? Gelingt Demokratie auch mit Verkündern alternativer Wahrheiten, mit Leugnern von Tatsachen mit zielenden Lügnern? Politik als Ulkparty, Politik als Gezwitscher, Politik rechtsfrei? Die Verwunderung ist groß, wenn dann Aufstacheln in Taten mündet. Denn auch destruktive, rassistische und fremdenfeindliche Antreiber tummeln sich im Netz, infiltrieren Wähler und Wählerinnen, sind aber kaum überprüfbar. Denn noch ist das Netz, diese große, von vielen bewunderte Unbekannte, ein rechtsfreier Raum. Gewinnen solche verfälschenden

Gruppen tatsächlich einmal Mehrheiten, sogar qualifizierte Mehrheiten, können sie unsere bisherigen Demokratien, auch deren Grundordnungen verändern. Sie tun es dann im Grunde demokratisch legitimiert.

Die Bürger des Westens sind zunehmend besitzorientiert, selbstbezogen. Sie werden immer fordernder, pochen auf ihre Individualrechte, nutzen aber gleichzeitig das Potential der Gemeinschaft aus. Ihre intellektuelle Forderung ist, einmal auf die Welt gebracht, geistig, körperlich und sozial frei zu sein und ihr Handeln selbst bestimmen zu können. Liberal und losgelöst, wollen alle sich ungestört verwirklichen. Sie sind kaum mehr bereit, sich und ihr freies Handeln zugunsten der Interessen der Gemeinschaft zurückzunehmen, auch deren Lebensinteressen. Oft entzieht sich die Kreativität auch durch internationalisierten Eigennutz jeder lokal verfassten Demokratie. Europa beispielsweise denkt wohl über die Sozialverpflichtung des Eigentums nach. Es schielt aber gleichzeitig neidisch auf die für ihren Profit ungebremst schädigenden USA-*tycoons*. Da ist die Demokratie insgesamt in einem entscheidenden, uns alle betreffenden Dilemma oder Zwiespalt. Es ist der Konflikt zwischen den Einzelnen und der Gruppe, Individualrecht und Gemeinwohl. Egoismus steht dem *common sense* oder dem notwendigen Gemeinsamen gegenüber, der Eigennutz hadert mit der Führung. Ein krasses Beispiel für Widersprüchlichkeit sind etwa die USA, ein *worldplayer*. Da sind die wirtschaftlich und technologisch voranstürmenden Küstenbewohner. Sie leben oft in Ballungsräumen mit gemischten Ethnien. Neues Wissen, mit viel Kapitalunterstützung erworben, wird schnell ausgetauscht. Doch gibt es dort auch krasse soziale Unterschiede. Dem gegenüber stehen die in den Flächengebiete im Landesinnern Lebenden. Viele von ihnen verloren als Folge der niedergegangenen Schwerindustrie, oder es sind von der Landwirtschaft in vermeintlicher Freiheit Lebende. Oft bestimmt noch die Tradition das Zusammenleben, auch das langsam aussterbende Religiöse. Diese weißen Europäer, die Erfinder Amerikas wie sie sich selbst rühmen, geraten in die demographische Minderheit. Sie sehen ihre genetischen Privilegien durch die bunten Aufsteiger gefährdet. In dieser zerrissenen USA steht außerdem über der Vertreterdemokratie der uralte Königstraum des fast unantastbar starken Präsidenten. Und der hat den Finger auf dem Atomknopf. Bisher will niemand daran ernsthaft etwas ändern. Können die USA denn überhaupt noch genügend Kraft aufbringen, ihre veralteten verfassten Ordnungsregeln im Sinne neuer Gemeinsamkeit zu erneuern? Sind sie die Ersten bei denen sich das Ideal der Demokratie, das von allen frei bestimmte Gemeinwohl, seinem Ende entgegen neigt? Können wir alle, die wir den *common sense* längst über Bord geworfen haben, noch Bedrohendes sehen, gar die Zerstörung unserer Umwelt realisieren? Frustrierend?

Ist Liberalität oder verallgemeinert die Idee von der Selbststeuerung, die weitest fortgeschrittene Form des Prinzips Denken? Sind nicht freie Köpfe die kreativsten? Wird aber Liberalität nicht zusehends zum teilnahmslosen, oft auch fordernden Egoismus der Konsumenten? Spaltet sich die Gesellschaft nicht in die wenigen privilegierten Geldgeber und die Masse der anonym auf Abstand gehaltenen Dienstleister? Hat, wer bezahlt, auch das Recht jeglicher Nutzung? Zerstören wir mit unserem bisherigen Denken nicht geradewegs den Naturprozess? Haben nicht alle frei Handelnden auch eine Verantwortung? Brauchen wir ein fortgeschrittenes, umfassendes Denken, das auch die Beschränkungen unserer Welt einbezieht, der vollgefüllten, sich aufheizenden, ausgenutzten, verarmenden? Bestimmt also weiterhin die Individualität oder wiegt das Gemeinwohl, der Überlebenswille der Weltgemeinschaft schwerer? Nicht seiner selbst Willen, sondern dem Nachkommender? Wird eine sich in Egoismen verlierende Gesellschaft die Kraft für gemeinsame Zukunftsziele aufbringen? Beginnt die Dämmerung der Freiheitskultur?

Wir sind heute an einem Wendepunkt angekommen. Unsere Fähigkeiten, unsere komplexen Lebensformen, unsere vielen Ansprüche und Möglichkeiten stoßen an Grenzen, behindern unser Weiterleben. Denn unsere früher als grenzenlos empfundene Freiheit ist tatsächlich begrenzt. Begrenzt durch unser handeln, das Klima und Natur gefährdet. Die Wissenschaft weist dies nach und zeigt auf, wie wir zukünftig nachhaltig handeln sollen. Das Verhalten der ganzen Menschheit, der vielen Milliarden, muss dem folgen, wollen wir auch unseren Nachfolgern Chancen lassen. Alle Nationen, alle Regierungsformen müssten sich den Zwängen der nachweisenden Wissenschaft beugen. Vorrangig gilt das für alle fortschrittlichen, wissensbegründeten Staaten, für das dirigistische China genauso wie für den ganzen Demokratieblock. Wollen wir Demokraten diese Zukunft so demokratisch wie möglich gestalten, muss die freie Willensentscheidung unter den Vorbehalt nachprüfbaren Wissens und der Wissenschaft stehen. Demokratie und Kompromiss werden dann von nachprüfbarem Wissen begrenzt, das die Wissenschaft bereitstellt. Und wir müssen weltweit entscheiden, weltweit normieren und dies auch weltweit durchsetzen. Hier kommt der internationalen, neutralen Kontrolle eine zentrale Bedeutung zu. Daher brauchen wir eine neue Führungsordnung. Noch kennen wir die zielführenden Strategien nicht vollständig. Unterschiedlich schädigende Staaten müssen unterschiedlich handeln. Alle Einzelnen müssen handeln. Können Demokratie und Besitzkampf noch koexistieren, nebeneinander bestehen? Gelingt das Prinzip der beschränkten Vertreterdemokratie noch, wenn die Besitzschere zwischen weltweit bereichert und lokal und arm geblieben immer weiter aufgeht? Was motiviert eine so ungleiche Welt zum Klimaschutz, dem hauptsächlich von den Reichen verursachten Problem?

Die Menschheit muss sich entscheiden. Doch die Meistbetroffenen, die Minderjährigen, die rund 1/4 aller Menschen, dürfen nicht mitentscheiden, dürfen nicht wählen. Dabei geht es vorrangig um Ihre Zukunft.

Ein hoffnungsvoller Trend der Weiterentwicklung unserer Zivilisation sind die sich zusammenfindenden regionalen und überstaatlichen Gruppierungen. Vernünftig geführte Staaten, solche in denen die Einzelnen mitreden können, besinnen sich und rücken zusammen. Diese Staatenbünde hoffen, dass sie effektiver sind als die Summe der einzelnen Staaten es war. Ursprünglich nur im jeweiligen Staatsgebiet definierte und geltende Ordnungen werden angenähert. Rechtsnormen werden angeglichen. Über das Gewaltmonopol tauschen sie sich zumindest aus. Wichtige Anreize sind die Freizügigkeit beim Arbeitsangebot, beim Aufenthaltsort, beim Studienort. Effektivität wird allerdings gerne auch übersetzt mit größerer Wirtschaftsmacht und der Freiheit des Kapitals. Wirtschaftliche Potenz möchte sich bündeln, ein politischer Rahmen kann helfen. Dadurch entstehen große, nach innen offene Handelsräume. Gegenseitiger Austausch fördert eine robustere Gesamtwirtschaft. Im Idealfall profitieren alle Teilnehmer von solchen Zusammenschlüssen, zumindest was die wirtschaftliche Seite angeht. Gebündeltes Wirtschaftspotential, mehr industrielle Innovation, mehr Handelsmacht. Wird dann noch die Geldpolitik zusammengeführt, kann ein homogener Wirtschaftsblock entstehen. Ergänzt um die Militärpolitik kann daraus auch ein neuer politischer Machtblock werden. Macht wozu? In der globalen Konkurrenz kämpfen sehr unterschiedliche Spieler um Macht und Märkte. Die Interaktion oder der Austausch zwischen den Staatenblöcken entscheidet mit über den wachsenden Verbrauch der Naturressourcen. Auch das lässt die Klimaschädigung leider wachsen. Beim Bündeln technologischen *know hows* sind die Staaten aber wesentlich zurückhaltender. Immer größer werdende Handlungseinheiten neigen leider dazu, wieder auseinander zu streben, Eigeninteressen voranstellend. Ganz besonders, wenn sie ohne Bindungsmotivation bleiben. Wachen doch alle Staaten, auch die bündniswilligen, eifersüchtig über ihre Souveränität, ihre scheinbare Unabhängigkeit. Seien es etwa die wenigen Millionen Schweizer oder die Milliarden Chinesen. Auch ein ehemals weltdominantes England konnte, wieder aus der EU ausgeschert, seinen Egoismus ausspielen. Vorrangig sicherte es sich beispielsweise Impfstoff zur Bekämpfung der Coronapandemie. Was aber nutzt die Souveränität von Staaten, aber auch von Staatenbünden, wenn ihre wirtschaftliche Kraft nicht auch dem zukünftigen Überleben ihrer Bürger dient? Ist eine von den potenten Industriestaaten aufgeheizte Welt nicht das Problem aller Weltbürger? Kann die Bündelung des Potentials Vieler nicht auch qualifiziert wirksamen Umweltschutz hervorbringen?

Der Drang, nach eigenem Gutdünken zu handeln oder sich als Teil einer Kommunität zu sehen, ist in der Welt ganz unterschiedlich ausgeprägt. In der weltweiten Sicht prallt der in Europa erkämpfte Freiheitsdrang auf die asiatische Ausrichtung auf Familie, Ahnen und Ethnie. Asiaten sind, generalisierend und vereinfacht gesagt, sozial disziplinierter. Ethnische Mentalität und kulturelle Entwicklung spielen eine entscheidende Rolle. Insgesamt schaffte und schafft ethnische Unterschiedlichkeit weltweite Unruhe. Denn immer schon, jetzt aber zunehmend, wandern ethnische Gruppen in für sie vorteilhafte Umgebungen. Sie bringen ihr Anderssein, ihre andere Kultur, ihren anderen Glauben mit und behalten dies oft bei. Das eckt an.

Da steht also der große Demokratieblock der europäischen Staaten und der USA. Er repräsentiert rund 0,9 Milliarden Menschen und schädigt Klima und Natur konsequent. Die USA etwa waren lange militärisch mächtig und technisch führend. Ihre Illusionsindustrie, ihre Westernhelden waren bewunderte Haudegen, tat ein Übriges. Diese starken USA waren ein Wunschtraum der Jugend der Welt. Ihr demokratisch-wirtschaftlicher Ansatz beeinflusste weitere Staaten mehr oder weniger. Insgesamt wohl rund die Hälfte der Weltbevölkerung versucht es irgendwie demokratisch, wie schon beschrieben. Doch heute driften die politischen Vorstellungen der Bevölkerung der USA immer weiter auseinander. Vor ähnlichen Problemen, wenn auch Nummern kleiner, stehen viele demokratische Staaten. Schwächt dieser Streit um den zukünftigen Ordnungsweg und das zukünftige Wirtschaften den Erneuerungsgeist und Fortschrittsantrieb des freien, kapitalistischen Westens? Wird er zu konservativ, für neue Strömungen, neue Sozialschwerpunkte resistent, schwerfällig? Auch im erweiterten Spektrum der Staaten konkurriert Eigenverantwortung mit zentraler Machtausübung, dieser Konsequenz des Überkommenen. Wissensgestützt übereinkünftige Ordnungsfindung gibt es genauso wie rückständige Religionsgängelung oder diktatorischen Zwang. Es agieren einige autoritär geführte Staaten in der Welt. Tyrannische Männer oder auch Männercliquen schaffen sich Machtstrukturen. Manche nutzen auch gesellschaftliche oder kultische Begründungen. Mit ihrer unterdrückten Bevölkerung sind diese autoritären Staaten schlussendlich in der Entwicklung stecken geblieben. Ein egoistischer männlicher Machtanspruch der Vergangenheit. Diese Mächtigen üben die zur Führung notwendige Gewalt, verbal oder blutig, jedoch nie selbst aus. Sie nutzen Heere von Willfährigen, die oft ihrerseits zu selbstgefälligen Minidespoten werden. Diese übertönen oder unterdrücken jeden Widerspruch. Da bräuchte es mutigen, ja oft todesmutigen Widerstand. Was zählt für alle diese Machthungrigen das Nachfolgende, was zählt da so etwas Empathisches wie der für eine Zukunft notwendige Klimaschutz? Haben in diesem Dickicht der Machtsysteme Klimaziele überhaupt eine Chance, die nur rational und wohl nur weltgemeinschaftlich realisiert werden können?

Dem steht die neue Wirtschaftsmacht China gegenüber. Wir sind ein Nebeneinander unterschiedlichster Führungskonzepte. China hat mit rund 1,4 Milliarden Menschen den kommunistischen Ordnungsansatz der Europäer gleichschaltend perfektioniert. Er fiel dort, anders als sonst in der Welt, auf fruchtbaren Kulturboden. Eine allgegenwärtige zentrale Führung, in der ihr mystisches Kaisertum anklingt, wird durch eine applaudierende Vertreterversammlung legitimiert. Die Parteiführung will eine uniforme Gesellschaft, eine Gesellschaft, die nicht im persönlichen Gewinnstreben zerfällt. Sie hemmt daher rigoros jeden individuellen Widerspruch. Presse und Öffentlichkeit sollen gemeinschaftskonform sein, auch übersetzt mit parteikonform. Gemeinschaftsdienliches Handeln wird gefordert. Vielen ist Gemeinschaft wichtig, viele leben gern gemeinschaftskonform. Sport etwa soll solch eine Vorbildfunktion haben: eine Kampfgemeinschaft sei gleichförmig! Eine Fussballspielerin mit gefärbten Haaren fordert da heraus. Also wird gleich die ganze Frauschaft aus dem Wettbewerb genommen. Abweichung wird allgegenwärtig überwacht, auch digital, hochtechnologisch und hocheffizient. Ganz nebenbei gesagt werden auch in der westlich geprägten Sportwirtschaft etwa Volleyballerinnen knappe sexy Wettkampfhöschen vorgeschrieben. Wieder nach China zurück: In Maotanchang kasernieren sich über 20.000 Schüler freiwillig, um ein gutes Abi zu schaffen. Sie wollen sich mit Selbstdrill, stellenweise masochistisch ausartend, einen begehrten Platz an einer Uni ergattern. Wirtschaftliche Selbststeuerung wird toleriert, zumindest solange der parteiliche Einfluss sicher bleibt. Gemeinschaftswille ist Parteiraison, Selbststeuerung und individuelles Vorteilsstreben sind da systematisch falsch. Dennoch gibt es hunderte Millionäre, gar Milliardäre. Denn tatsächlich braucht auch die chinesische Parteiführung wirtschaftlichen Erfolg. Sie muss ihre vielen Menschen versorgen, denn auch sie ist auf Zufriedenheit und auf Fortschritt im Volk angewiesen, um an der Macht zu bleiben. Chinas Weg war, die Ergebnisse des individuellen westlichen Kapitalismus zu kopieren. Realisiert allerdings als eine Art des Gemeinkapitalismus der Massen. Viele Han akzeptieren dieses Führungsmodell. Einerseits weil China sehr erfolgreich ist. Es konkurriert mit seinem Potential gut ausgebildeter, gelenkt und konform ausgerichteter Massen. Es spricht auch für Chinas Zukunftsperspektive, dass es sehr viele Menschen sind, sehr diszipliniert und sozial eingebunden. Darin klingt die schon beschriebene Ahnenkultur und Sippendisziplin asiatischer Ethnien an. Das ist ein entscheidender Entwicklungsaspekt. Obwohl die westliche Freizügigkeit lockt, ist der dazugehörende persönliche Vorteilskampf bisher verpönt. Heute ist China dabei, den Westen marktwirtschaftlich zu überholen, aber unter den Vorzeichen des alles kontrollierenden Kollektivs. Dort ist auch deutlich mehr gut ausgebildete *manpower* als im heterogenen Westen. Noch treibt die Parteidenker vorrangig die kritische Versorgung ihrer Bevölkerung an. Sie sehen den Erfolgsweg ihres Volkes im kollektiven Handeln. Für sie spalten die Bewegungen eines Tian'anmenplatz oder in Hongkong. Das individuelle Streben der Aufbegehrenden sehen sie als falsche, auseinander strebende Vorteilssuche. Auch die ethnisch und kulturell fremden Uiguren etwa erscheinen da gefährlich in diesem schwelenden Reaktor. Diesen ethnisch Anderen wird gar die Mehrheitssprache Mandarin aufgezwungen um sie so kulturell zu *säubern*. Insgesamt ein Pulverfass das explodieren könnte. Aber auf der anderen Seite: Wer traut sich denn schon zu, 1,4 Milliarden Menschen zu versorgen und zusammenzuhalten? Könnten dies etwa die 0,3 Milliarden von Kapitalinteressen gespaltenen Selbstverwirklichungsprediger der USA? | [119]

Im Wettlauf der Gesellschaftssysteme, hier individualistisch, dort uniformierte Gemeinschaft oder Diktatur, stehen wir heute vor einem Patt. Es geht um die wirtschaftliche Führung. Dabei war bisher individuell und frei handelndes Humanpotential besonders effektiv und kreativ. Die frei Handelnden errangen technische und wirtschaftliche Höchstleistungen. Der Ansporn war oft das Geld, die Aussicht auf Gewinn. Und Geld hat weiteres Geld gepusht, haben Investoren mit *venture capital* Entwicklungen mit angeschoben. Besonders beim heute alles dominierenden *Big Tech* war Geld der Antreiber. Technisches Können stärkte auch das Militär, immer noch ein Aushängeschild staatlicher Macht. Wir kennen viele Waffensysteme, viele mussten unter ihnen leiden. Mit dem Glanz technologischen, wirtschaftlichen und militärischen Erfolgs verbinden viele auch die Attraktivität des dahinterstehenden Führungssystems. Dem gegenüber handelnden die vielen Chinesen diszipliniert und gebündelt. Auch sie sind kreativ. Machtvoll streben sie nach der Weltführung, nach wirtschaftlicher und militärischer Dominanz.

Der Kampf um unsere Zukunft verschärft den großen Konflikt zwischen den aufstrebenden Staatenblöcken und dem Überlebensrecht des Einzelnen. Heraufbeschworen durch den Verbrauch der Natur und die Schädigung des Klimas. Es ist auch ein Konflikt der ersten, reichen mit der zweiten, aufstrebenden und der dritten, noch ursprünglich gebliebenen Welt. Ein Konflikt, verursacht durch uns, der sich aber existenziell auf alle Arten der Lebewesen auswirkt. Die Folgen nehmen zu, bedrohen uns immer stärker. Sind denn die Einwohner der Industriestaaten fähig, ihre Schädigungen tatsächlich zu beenden? Mit derzeit allein 16 Bezugstonnen CO_2 (Tonnen je Person und Jahr) schädigen die USA, mit 9 Bezugstonnen die Europäer. Ihr Freiheitsansatz macht nachhaltig dämpfenden Gemeinsinn schwierig. Oder werden die auch mit 9 Bezugstonnen schädigenden Chinesen erfolgreicher zum Emissionsabbau gedrängt? Wird deren gelenkt-geballte Innovationskraft dem freien Experimentieren ebenbürtig oder gar überlegen werden? Wird ihr dirigistischer, zentral gesteuerter Ansatz bei Klima und Natur durchgreifen, wenn die Lebensbedrohung auch von der Parteiführung gesehen wird? Was ist mit all den vielen Einzelstaaten unterschiedlichster Schädigung, unterschiedlichster Interessen? Was bedeutet das im Hinblick auf die immer bedrohenderen Folgen der Klima- und Naturschädigung? Was bedeutet das für das Gemeinwohl, die Schutzgemeinschaft vor globaler Unbill? Die Schäden sind nur von allen gemeinsam eindämmbar. Der Konflikt zwischen Individualität und Gemeinschaft wird unsere Zukunft bestimmen. Entscheiden die einzeln und frei Handelnden oder die gemeinschaftlich Gelenkten?

Ein Ausweg aus diesem Dilemma könnte internationale Zusammenarbeit sein. Beispielsweise haben durch den letzten Weltkrieg ernüchterte Politiker, besonders diejenigen Europas und der USA, die UNO (United Nations Organisation) gegründet. Sie ist eine Art politischer Weltrat. Ihr Anliegen ist das friedliche Nebeneinander gleichberechtigter Staaten. Alle souveränen Staaten, von den größten angeführt, beraten über anstehende Weltprobleme. Als weiteres europäisch-nordamerikanisches Anliegen formulierten sie Menschenrechte. Sie versprachen Autonomie und Freiheit vor Gemeinschaftszwängen. Hauptsächlich interpretiert werden sie als individuelle und technisch-wirtschaftliche Freiheit. Das Recht, alle notwendigen Ressourcen zu nutzen, die erreichbar sind. Das Recht der Menschheit und ihrer Nachfolge auf intakte Lebensgrundlagen wurde nicht bedacht. Dem wichtigen Thema wirtschaftlicher Austausch widmet sich speziell die WTO, die Welthandelsorganisation. Allerdings rumoren sich übervorteilt sehende Staaten gegen deren Regelungen. Damit Handel funktioniert, steht dem zusätzlich eine ausgleichende

Weltbank zur Seite. Auch ein Weltklimarat IPCC wurde installiert, der den Staaten Handlungsempfehlungen zur Verringerung der Aufheizung der Erde gibt. Mit mäßigem Erfolg. Allen diesen Einigungsideen stehen höchst unterschiedliche Staatsformen gegenüber. Geradezu ein Wirrwarr an Scheichtümern, Königreichen, Diktaturen, Gottesstaaten, kommunistischen und sozialistischen Führungsformen. Und eine ganze Palette unterschiedlichster Demokratien. Jede Regierung vertritt ganz unterschiedliche, meist egoistisch wirtschaftliche Interessen. Denn wir alle haben uns ganz unterschiedlich entwickelt. Wir leben ganz unterschiedlich dicht beieinander und in verschiedenen Siedlungsformen. Diese liegen klimatisch und geografisch in ganz unterschiedlicher Lage. Auch verfügen sie über ganz unterschiedliche Ressourcen, seien es Natur und Rohstoffe oder ihr Wissenspotential und ihre Infrastruktur. Unsere Welt zeigt sich daher als ein schroffes Relief unterschiedlichster Entwicklung. Da verwundert die Struktur eifersüchtig auf ihre Selbständigkeit pochender, miteinander konkurrierender Einzelstaaten kaum. Auch verbaut ein derzeit grassierender Trend zurück zum Nationalen nachhaltige Zukunftsperspektiven. Sei es wirtschaftlicher Vorteile wegen oder aus dumpfer Fremdenangst. Weiters gibt es Bestrebungen, beispielsweise den Welthandel aus nationalistischen Motiven heraus zu behindern. Unliebsame Konkurrenten sollen ausgebootet werden. Die WTO oder Welthandelsorganisation und das GATT als Weltzollabkommen stehen auf dem Spiel. Der Welthandel wird dadurch behindert. Wirtschaftliche Einbußen werden prognostiziert. Ist es wirklich nur Sarkasmus, wenn sich manche über Handelsstreite und wirtschaftliche Rezessionen freuen? Oder gar über wirtschaftsdämpfende Pandemien? Denn dies zögert die Welterwärmung ein wenig hinaus. | [9]

Wir erkennen und registrieren erst allmählich, dass der Wirtschaftsdrang der Industriestaaten einen zusätzlichen Spalt öffnet. Er klafft zwischen dem Zerstörungspotential der Industrieländer und den vielen Menschen der langsamer entwickelnden Länder. Bildlich gesprochen wird bald der zerstörende Fußabdruck der wenigen reichen Schädiger der Erde den Säuglingsfuß der vielen Armen zertreten. Denn der industriell führende Norden befeuert die Aufheizung der Atmosphäre, das Artensterben und die Verödung ganzer Landschaften. An vorderster Stelle treibt er mit immer neuen Produktideen den schädigenden Verbrauch an. Aber auch die Menschenmassen vieler zurückgebliebener Länder wollen nicht nur ernährt sein. Sie wollen zunehmend am Komfort der Industrieländer teilhaben. Dennoch ist es eine gravierende Tatsache: die ärmeren, weniger entwickelten Menschen werden am stärksten von den Klimafolgen betroffen. Der kühlere und flächenmäßig große Norden als hauptsächlicher Klimaschädiger dagegen wird voraussichtlich erst später unter den Schäden leiden!

Wir haben unser Handeln und unser Wissen dynamisch entwickelt und enorm gesteigert. Und zwar so, dass wir unsere Ausgangsbasis entscheidend, wenn nicht gar final schädigen können. Wir sollten klug sein und unsere Weltgemeinschaft neu ausrichten und ordnen. Unser Forschen und Wissen hat eine neue Entwicklungsqualität erreicht, uns auf eine neue Entwicklungsstufe gestellt. Es weist weit über die veralteten Konstrukte der Nationen und Staaten hinaus. Wir sollten daher einen Umbruch wagen: Sozial *war*, sich allein dem Einzelnen, dem Schwachen zuzuwenden. Erfolgreich *war*, frei zu sein, zu wissen, zu erobern, auszunutzen und zu besitzen. Sozial *war*, sich dem Vaterland zu widmen. Sozial aber *wird sein*, sich für das Weiterleben der Vielen bewusst zurückzunehmen. Erfolgreich aber *wird sein*, Gemeinsinn zu schaffen, egoistische Individualität zu begrenzen. Erfolgreich *wird sein*, eine Weltgemeinschaft des Ausgleichs aufzubauen. Dann, und wohl nur dann, können wir ein Gleichgewicht mit der Natur erfolgreich wiederherstellen. Denn wir als Menschheit brauchen ein neues Bewusstsein von den Notwendigkeiten des Gesamtorganismus Erde, wenn wir überleben wollen. Wir brauchen dies weltweit und übereinkünftig. Naiv gedacht?

was ist in bewegung?

Wachstum ist Entwicklung, Wachstum ist Ausbreitung. Natur ist Wachstum, gleichzeitig aber auch Absterben. Natur ist permanente Ausbreitung aber auch Begrenzung. Natur kann nur so von Dauer sein. Auch unsere heranwachsende Spezies hat sich ausgebreitet. Sie suchte nach Nahrung und Lebensraum und hat den ganzen Erdball erobert. Wohl von Afrika ausgehend, immer der aufgehenden Sonne entgegen. Langsam, schrittweise, in kleinen Gruppen, aber stetig zunehmend. Es war eine lange Phase der Diversifikation, der Anpassung an die verschiedenen Umwelten, der Ausprägung unterschiedlicher Ethnien. Immer, wenn wir andern begegneten, tauschten wir Waren, vermischten uns, kopierten Kulte als Lenkmuster, passten sie an und sogen fremdes Wissen auf. Genauso gab es kriegerische Gruppen, die neue Lebensräume eroberten. In neuerer Zeit waren es beispielsweise Araber, welche in Afrika einfielen und Mongolen in China. Die Europäer zogen nach mit der Eroberung der beiden Amerikas. Europäer nutzten auch Australien, Ostasien, Neuseeland und Ozeanien. Sie besetzten, töteten und schlachteten Ressourcen aus. Damit begann, zuerst ganz vereinzelt aber weltweit, die Phase der ethnischen Rückvermischung. Eine Abfolge von Verdrängung und zögerlicher Annäherung. Einen weiteren *spin* provozierten die Europäer mit ihrer im sechzehnten Jahrhundert ausgebauten amerikanischen Agrarindustrie. Viele afrikanische Arbeitssklaven wurden importiert und mussten schuften. Später waren es auch Zwangsarbeiter vom indischen Subkontinent, die in Afrika und Ozeanien für England litten. Solche Verschleppten blieben lange rechtlos und ausgesperrt. Diese insgesamt vom Verstand getriebene Migration wurde ein weiterer, wesentlicher Treibsatz unserer Zivilisation. Und die Menschheit schwoll an.

Unsere Migration wird weitergehen. Wir individuell gewordenen Menschen setzen uns auf unserem Planeten verstärkt in Bewegung. Denn wir wollen an die attraktivsten Orte der Welt reisen, wollen die spektakulärste Natur, die exotischsten Tiere und Menschen rund um die Erde bewundern. Etwa 3 Milliarden von uns nutzen jährlich ein Flugzeug. Statistisch saß beispielsweise jeder in Deutschland Geborene 2019 einmal im Flugzeug. Staaten rangeln sich darum, wer den größten aller Flughäfen betreibt. Zusätzlich verladen wir massenweise Container auf Schiffsungetüme und Spezialwaren in Flugzeuge. Diese weltumspannende, luxuriöse und weiter anschwellende Mobilität bringt die Welt und ihre Natur ganz gehörig ins Schwitzen. Gleichzeitig überflutet die Wirtschaft die ganze Welt mit ihren Warenströmen. Die Mobilität der produzierenden Wirtschaft tut ein Übriges.

Unsere Unternehmen agieren weltweit, investieren ihr Geld an den profitabelsten Plätzen der Welt. Auch Unternehmen sind weltweit Kaufobjekte. Hochqualifizierte westliche Individualisten, aber auch viele Asiaten, reisen weltweit, arbeiten international oder suchen nach attraktiver Arbeit. Diese Wohlstandsmigration wird weiter wachsen. All diese wirtschaftsgetriebene Mobilität wirbelt vormals Getrenntes durcheinander und gibt uns einen neuen evolutionären *push*. Wir konzentrieren uns immer mehr in Ballungsräumen, in den *hotspots* der Aufheizung und der Naturbrachen. Der Zuzug dorthin schwillt an, hält die Welt in Bewegung. In der Summe steigt die Temperatur der Atmosphäre auch dadurch immer mehr.

Viele Menschen arbeiten international. Dies führt langfristig zum Aufweichen von Staatlichkeit. Trotzdem nutzen weltläufige Angestellte ganz selbstverständlich die soziale Sicherung ihrer Herkunftsstaaten. Ihr letzter Bezug an die Staatlichkeit ist deren Wohlfahrtsanker. Migranten, die hinzukommen, treffen auf ganz unterschiedlich große, lange gewachsene Staaten und deren Rechts- und Sozialsysteme. Ordnungen, die nur innerhalb der jeweiligen Staatsgrenzen gelten. Die ausgelegt und austariert sind auf Menschen, die ihr ganzes Leben darin verbringen. Für die heute zunehmende Migration, ausgelöst durch ganz unterschiedliche Gründe, sind starre Sozialordnungen überfordert. Beispielsweise sind diejenigen der alten Völker Europas dafür gänzlich ungeeignet. Die teilweise blauäugig und unvorbereitet wirkende Politik der Gastgesellschaften verspricht da immer noch zu einfache Antworten. Zu viele Neubürger verändern das soziale Gefüge der Staaten, machen Fürsorge und Vorsorge auch für deren Altbürger unsicher. Mit dieser unausweichlichen Globalisierung wird die staatliche Begrenzung zunehmend in Frage gestellt. Ein sich täglich verstärkender Umbruch vom Lokalen zum Globalen, den wir noch kaum erkennen und noch weniger wahr haben wollen. Ein Weiterentwickeln der Sozialsysteme bräuchte einen langen Atem.

Die geburtenschwachen Wirtschaftsnationen brauchen Arbeitskräfte, um ihren Wohlstand zu halten. Nicht genügend junge Menschen kommen dort neu in den Arbeitsprozess. Gleichzeitig vergreist die medizinisch gut versorgte Bevölkerung. Dies schafft Auffüllpotential. Da warten Dienstleistung und pflegende Hilfe auf Arbeitskräfte. Auch eine unaufhörlich steigende Produktion braucht Kräfte. Ähnlich ist es bei Dienstleistungen wie der Müllabfuhr, in Schlachthöfen oder der Spargelernte beispielsweise. Dafür werden Arbeitsmigranten angeworben, saisonal oder je nach Bedarf. Aber auch Forschung und Wissenschaft suchen kreative Köpfe. Anspruchsvollere Arbeit für ausgebildete, Hilfsarbeit für ungelernte, weniger entwickelte Fremde. Diese Fluktuation durch Arbeit findet meist innerhalb von benachbarten Staaten statt.

Der unverantwortliche Geburtenreichtum im Armengürtel der Erde verursacht Mangel. Allein dies verschlechtert die Lebensbedingungen dort teilweise dramatisch. Die wachsende Anzahl der Naturbrachen durch Agrarprodukte für den Verbrauchs- und Wegwerfkomfort der Reichen kommt hinzu. Klimawirkungen, mehr Dürren und Überschwemmungen, tun ihr übriges. Auch das sind Gründe für steigende Migrationszahlen. Die Nachricht vom Komfort des reichen, entwickelten Nordens und seiner Lebensart verbreitet sich weltweit und zeitnah. Da wollen alle an die attraktivsten Orte der Welt. Dies forciert Begehrlichkeit, für die ausreichend Mobilität zur Verfügung steht. Viele Migranten erhoffen sich Basissicherheit, Unterkunft und Arbeit. Manche wollen auch lernen und am Konsum, ja an Komfort und Freiheit teilhaben. Ihr Potential fehlt dann dort, wo sie weggehen. Manche der gekommenen Arbeiter, Schwache meist, werden in ihrem Elend oft skrupellos ausgenützt und nach Gebrauch abgeschoben. All diesen jetzt noch moderaten Zustrom können die Industriestaaten im Norden folgenlos aufnehmen. Noch frischt dies die alternden Industriestaaten der Welt auf...

Militärs und Kämpfer sind weltweit aktiv, verschieben ihre Waffenarsenale an die Konfliktherde der Welt. Kämpfende Soldaten mit ihren Weisungen sind allerdings spezielle Migranten. Konkurrierende Staaten erobern mit ihren Waffenarsenalen schwächere Gegnerstaaten. Auch Fanatische sind es, die national, genetisch oder religiös andere vertreiben oder anderswie beseitigen wollen. Es sind Vorteil suchende Militärmächte, egal ob der auszubeutenden Ressourcen oder strategischer Landgewinne wegen. Es ist Machtmigration.

Aber auch Rechtlose kämpfen mit ihren wenigen Waffen gegen unterdrückende Despoten, korrupte Führer. Sie werden verfolgt. Selbst solche, die nur anders als vorgeschrieben denken, werden politisch verfolgt. Sie alle sind auf der Flucht vor Verfolgung, Folter, Krieg, Elend und Tod. Und unbeirrt vom Flüchtlingselend feuern Soldaten und Fanatiker immer wieder und an vielen Stellen der Welt auf Menschen. Sie schaffen so neue Gründe für Migration. Viele dieser Migranten gehen weg, um eigentlich zurückzukommen. | [85]

Die liberalen Wirtschaftsnationen Europas und die USA sind die begehrten Ziele. Sie verheißen Freiheit, in deren Zentren erscheint die Angebotsfülle grenzenlos. Es sind aber auch die reichen Zielstaaten, diejenigen welche Klimaschädigung und Naturverarmung antreiben. Das totalitäre China oder auch Russland, auch Klimaschädiger, sind verständlicherweise kaum Ziele von Migranten. Doch heutige Ziele können im weiteren Verlauf der Klimaveränderung durchaus unattraktiv werden. Es ist wohl die ganze Palette menschlicher Drangsal, politisch, wirtschaftlich, sexistisch oder nacktes Überleben, die forttreibt. Mehrheitlich migrieren unabhängige junge Männer. Sie sind vital, robust und nutzen zum Kommen alle Attribute der Moderne. Darunter sind auch solche, die ganz gezielt den unmittelbar egoistischen Vorteil suchen und die Chancen weltweiter Vernetzung nutzen. Steckt doch das mobilisierende *smartphone* in vielen Gesäßtaschen, zeitverrückt selbst unterm Hidschab. Frauen und ihre Kinder dagegen scheuen die Strapazen der Flucht. Auch liefern sie sich dadurch oft sexueller Gewalt aus. Alte resignieren meist. Einige der jungen Männer sind auch Vorposten für den Nachzug ihrer Familien. Jede und jeder Wandernde hat eine individuelle Entscheidung getroffen, die Wurzeln herausgerissen. Dort wo sie durchkommen und schließlich ankommen, treffen sie auf andere Gruppen, andere Lebensarten. Es sind arme, reiche oder abwehrende Staaten, sie treffen auf Menschen mit fortgeschrittenen Ansprüchen. Zweifelsohne wird die Toleranz der Gastgeber gefordert, aber auch die Bereitschaft der Kommenden, sich einzubringen. | [101]

Diese in Bewegung gekommene Weltbevölkerung ist das wirklich spannend, aber auch folgenschwer Neue. Denn heute migrieren viele, über die ganze Welt verteilt, derzeit etwa eine Viertelmilliarde. Sie migrieren zu Fuß, in Booten, motorisiert, im Flugzeug, insgesamt anschwellend. Ein Zeichen tatsächlich globaler Selbstbestimmung. Selbstbestimmung mit den Füßen. Eine Mehrzahl der Migranten strebt heute in die Länder, die viele Ressourcen verbrauchen. Sie füllen die Lücken im vergreisenden Norden mehr als aus und fachen den Verbrauch weiter an. Wird sich das derzeit weltweit krasse Verbrauchsgefälle je angleichen? | [67]

Doch es gibt Möglichkeiten, heutigen Migrationsdruck abzuschwächen. Will denn jemand grundlos seine Heimat verlassen? Doch nur, wenn die Existenz im Ursprungsland bedroht oder die Lebensumstände schlicht als nachteilig empfunden werden. Analysieren wir rational, zeigt sich, dass Menschen bleiben: Wenn wir Kriege verhinderten. Wenn wir die Kriegstreiber zurückhielten, wir als friedliebende Mehrheit. Wenn wir alles Emotionale ablegten, also Nation und alles Religionsfalsche, alle clevere Verführung. Wenn sich Entwicklungsländer durch die Hilfe der Fortgeschrittenen selbst schneller entwickeln könnten. Wenn wir die Gleichwertigkeit aller Menschen begriffen. Wenn wir Frauen und Männern gleichermaßen Wissen weitergäben. Wenn wir Geburten verantwortlich planten. Wenn wir, was immer drängender wird, Klima und Umwelt schonten. Wäre das nicht langfristig besser? Müssen die Industrieländer das erst schmerzhaft lernen? Könnten sie nicht deutlich mehr Geld in die Hand nehmen und helfend unterstützen, die Selbständigkeit stärken, mit Wissen und Bildung?

In den Wüstengürteln der Erde droht durch die Erdaufheizung bald Wasser und Nahrung knapp zu werden. Weitere Ressourcen werden zur Neige gehen. Auch sagt der Weltklimarat, des wärmer werdenden Klimas wegen, nicht umsonst zunehmende Überschwemmungen, Hitze und Dürren voraus. Dies würde die Konkurrenz um noch lebenswerte Regionen verschärfen, die Welt instabiler machen. Auch die heute noch gemäßigten Zonen können sich verändern,

Vegetation verarmt, Küsten überflutet werden. Sie können dadurch lebensfeindlicher werden und eine geringere Besiedlung provozieren. Das kann dynamisch zunehmen, wenn die Erde noch heißer wird. Waren die Völkerwanderungen der Vergangenheit nicht eine vergleichbare Kettenreaktion? Sie wurden ebenfalls durch Klimaveränderungen ausgelöst. Sie führten zu einem kriegerischen Druck, Steppenvölker wurden der Hitze wegen aus dem Nordosten vertrieben oder wanderten der Kälte und Eisbildung wegen. Sind die Kriege im arabisch-islamischen Raum, diese letzten Konfliktherde religiös-falscher Rechthaberei, nicht auch mit Wassermangel erklärbar? Saudi-Arabien beispielsweise verzeichnet jetzt schon Hitzerekorde von über 50 Grad! Noch sprudelt in Vorderasien Erdöl und überdeckt manches. Doch hat deren zerstritten rückständige Welt wohl keine Zukunft mehr. Der Mensch treibt die Menschen um den Globus. Treibt künftig das Klima die Menschen? Was, wenn die Trinkwasser-Migranten die Grenzen der Staaten überrennen, sie wegfegen? Wäre diese Lawine, einmal ins Rollen gekommen, noch zu stoppen? | 64 65 89 104

Migration war unser Evolutionsvorteil. Wird aus der frühen Wanderung in langen Zeiträumen und den Flüchtlingsströmen moderner Gewalt bald ein *run* ums hitze- und durstbedrohte Überleben? Kann unser Körper denn über 40 °C? Kann eine Menschheit, die in kürzester Zeit über die Kontinente mäandert, ihr Zerstörungspotential überhaupt noch bändigen? Können wir dem Weltklima einfach davonlaufen?

Wegstoßen, integrieren oder gar neue Formen des Zusammenlebens finden? Integration beginnt meist mit kultureller und genetischer Apartheid. Im alten Europa ist die Vermischung europäischer Ethnien nach Jahrhunderten immer noch im Gange. Juden, Sinti und Roma beispielsweise waren gar mehr als ein Jahrtausend lang Außenseiter, wollten auch für sich bleiben. Geduldet, vertrieben, ja bestialisch gemordet. In den USA etwa haben sich die Weißen den Schwarzen in sehr langer Zeit kaum angenähert, geschweige denn ethnisch vermischt. Die Schwarzen haben stärker zur weißen Leitkultur aufgeschlossen, als die Weißen mit den Schwarzen genetisch zusammengekommen sind. Dabei ist erst die kulturelle Gemeinsamkeit und genetische Vermischung die wirkliche Nagelprobe neuer, gemeinsamer Identität.

In vielen Ländern der Welt werden Migranten als Fremdkörper empfunden. Manche lehnen die Fremden rundweg ab, denn sie befürchten, dass sie womöglich abgeben müssen. Sie sagen, dass es irgendwann zu viele Migranten, zu viele Fremdkörper sein werden. Schon zeigen sich an den begehrten Brennpunkten Anzeichen von Überfüllung. Dies bedeutet Stress für die verwöhnten Einheimischen. Manche meinen, ihr Gemeinwesen könnte daran zerbrechen. Daher sperren sich einige Wohlstandsländer, schaffen immer mehr abschreckende Auffanglager. Oder, konsequenter noch, vertrauen sie der einfältig engstirnigen Idee, gigantische stählerne Lamellenzäune könnten aufhalten. Ein Teil der weiß gebliebenen Ethnie in den USA jedenfalls tut dies. Es sind Nachkommen derer, die ursprünglich selbst in dieses weite, leer gekämpfte Land einstürmten. Dieser Zaunwahn erinnert an die uralte Touristenattraktion Chinesische Mauer oder auch die Berliner Mauer, die schlussendlich auch unnütz waren. Ganz ähnlich schotten sich die Länder Kanada, Australien und Neuseeland gegen Einwandernde ab. Einst wurden auch sie von den europäischen Migranten erobert. Andere Staaten sind einfach froh, wenn die Wanderbewegung an ihnen vorbeizieht. Zwischen diesen Extremen gibt es sicher jede denkbar andere Reaktion. Aber gefährliche Meere, Stacheldraht und Zäune, hohe Wälle und Mauern, Geld und Waffen werden die Migration kaum stoppen.

Eine sich modern gebende, führende Öffentlichkeit will Toleranz zeigen. Eine Toleranz, die allerdings oft schemenhaft ist und tabuisiert, die Wirklichkeit verdrängt. Da wird Zurückweisung, Grenzbefestigung, Lagerzwang und Ertrinken angeprangert, Seenotrettung installiert. Das scheint human, kann jedoch Fluchtrisiko und Schlepperlöhne befördern. Werden etwa Fluchthelfende mitschuldig an Nachahmern? Zu einem Einsatz der üblichen Reisemittel für alle Migranten hat jedoch niemand den Schneid. Wäre das überhaupt vermittelbar? Oft ist die Politik froh um die Fluchthindernisse. Ansonsten tut sie gern so, als ob trotz vieler Neubürger die gewohnte Ordnung weiter bestehen könne. Als ob niemand zurückstecken, ja sich erheblich verändern müsse, weder die Ankommenden noch die Gastgeber. Diese Ignoranz auf beiden Seiten grenzt an Naivität oder überspitzt gesagt an Reaktion. Die nicht organisierten Einheimischen dagegen, sozusagen der große Rest, ist ganz unterschiedlich bereit, sich einzubringen. Es gibt Aufnahmebereite. Meist sind die Menschen jedoch reserviert. Erleben sie es dann hautnah, zeigt sich ihnen das realistische, vielschichtige Bild. Denn die Fähigkeit oder Bereitschaft auch der Kommenden, sich zu integrieren, ist unterschiedlich. Meist treffen sie auf reiche, alternde Gesellschaften. Einsichtige oder ehrgeizige Migranten bringen sich ein, wollen Teil der neuen Gastgesellschaft werden. Viele, die kommen, sind arm und wenig entwickelt. Ihnen bieten sich allenfalls schlecht bezahlte Dienstleistungsjobs. Alle die keine Verwendung finden, hängen dann am sozialen Tropf der Reichen. Ohne eine wirksame Integrationsstrategie entstehen so soziale Brennpunkte, bleiben Konflikte nicht aus.

In den aufnehmenden Gesellschaften gibt es einige Treuherzige. Sie nehmen alle Migranten auf, wie auch immer diese ankommen und drücken sich um regelnde Entscheidungen. Das wird mit anschwellender Migration scheitern. Eine verantwortungsvolle Gesamtgesellschaft sollte alle mit der Migration verbundenen Fragen und Forderungen offen benennen. Diese müssen diskutiert, bewusst entschieden und reguliert werden, sonst werden sie bald von der Wirklichkeit eingeholt. Denn Integration, so sie erfolgreich werden soll, hat durchaus emotionale Aspekte, hat aber auch ganz handfeste Bedingungen. Wie stehen Befürworter von Migration denjenigen gegenüber, die ihren bisherigen Lebensraum bedrängt sehen? Müssen Befürworter der Migration nicht auch den unendlich langen und steinigen Weg der Eingliederung mitdenken und mitverantworten? Was kann das Gastland leisten beim Wohnen, Ernähren und der Vorsorge? Welche praktischen Integrationshilfen können gegeben werden? Wer nimmt die Neuankömmlinge unter die Fittiche? Wieviel kann die soziale Infrastruktur leisten? Welche Bildungschancen haben die Migrantenkinder? Welcher Zeithorizont ist für eine integrierende Begleitung notwendig, welche Mittel müssen eingesetzt werden? Was wird von den Kommenden erwartet, was von den Aufnehmenden? Welche beschränkenden Aufnahmekontingente, ohne die Migration scheitern wird, können die verschiedenen Regionen verkraften? Was ist den jeweiligen Gastgebern vermittelbar, auch zumutbar? In welchem Maß wollen sich die Ankommenden integrieren? Alles das mündet in Aufnahmekontingente, für Kinder, Frauen, Männer, Familien, Junge und Alte. Sie müssen formuliert und politisch gewollt und umgesetzt werden. Wer aber setzt eine wohl immer notwendige und sinnvollerweise klar regulierte Auswahl praktisch um? Wer wehrt die Abzuweisenden ab und mit welchen Mitteln? Was geschieht mit den Verlierern?

Ein Ausgleich zwischen den oft ungefragten Gastgebern und Neuankömmlingen erfolgt in ganz unterschiedlichen Geschwindigkeiten. Als eine besondere Hürde erweisen sich Ethnie, Körpermerkmale, Bildungsstand und Religion. Denn Menschen kommen immer mit ihrer ganzen Körperlichkeit, ihrer Geschlechtlichkeit, ihrer Gesellschaftlichkeit, ihrer Entwicklung, ihrer oft andersartigen Weltanschauung. Schwache oder langsamer Entwickelnde tun sich schwer. Oft wird es ihnen auch schwer gemacht. Ablehnung schlägt ihnen entgegen. Welches Selbstverständnis bringen die Einwanderer mit? Wanderer schlagen oft nur zaghaft Wurzeln. Gelingt dies nicht oder erscheinen ihre Lebensbedingungen im Gastland wenig attraktiv, ziehen sie weiter. Wandern kulturell langsamer Entwickelte in die Freizügigkeit des Westens, erleiden viele einen regelrechten emotionalen Schock. Es gelingt ihnen oft nur schwer, die fortgeschrittenen Anforderungen zu meistern. Besonders Glaubensorientierte sind da gespalten zwischen ihrem traditionellen und dem modernen Leben. Da steht meist männerdominante Tradition gegen entwickelte, offene, bewusste, säkulare, weiblich geprägte, auch sexuell freie Lebensart. Es treten Konflikte auf. Denn die Moderne widerspricht eingeübten aber stehen gebliebenen, veralteten gesellschaftlichen Regeln, hat sie endlich niedergekämpft. Die komplexen, offenen Gesellschaftsformen der Gastgeberländer stellen hohe Anforderungen. Doch gerade dieser Vorteile wegen kommen sie ja! Daher, denkt man, sind Neuankömmlinge lernwillig und anpassungsbereit. Dem jedoch widersprechend bauen Einzelne, aber auch ganze Gruppen, mit ihrem Glauben, ihrer Tradition, gern einen Kokon um sich. Sie behindern, ja lehnen wirkliche Integration ab. Leben diese Gruppen nebeneinander her, sind dauerhaft Konflikte vorprogrammiert. Wie oft verfolgten Mehrheitsgesellschaften sich absondernde ethnische oder religiöse Gruppen in der Vergangenheit! Auch schaffen manche die sinnvolle aber auch zu fordernde Weiterentwicklung ins globale Heute erst spät, vielleicht nach Generationen. Aufgeschlossene dagegen schaffen den Sprung auf den fahrenden Zug, besonders die zu den Gastgebern ethnisch Ähnlichen. Denn viele Migranten schätzen die neue Lebensart, machen mit. Sie legen das Veraltete und Trennende ihrer Kulte beiseite, erkennen deren erfundene Bevormundung. Ihre Integration gelingt: Wenn die Sprachhürde übersprungen ist. Wenn die gelebte Ordnung des Gastgeberlandes respektiert und einbezogen ist. Wenn das Miteinander geschätzt wird. Wenn die Konsensbereitschaft der Aufnehmenden und der Kommenden da und die Geschlechtergerechtigkeit verinnerlicht ist. Wenn alle, Gäste genauso wie Gastgeber, die eigene Identität in eine gemeinsam weiterzuentwickelnde Gesellschaftsordnung einbringen, das Alte, Trennende ablegen können. Wenn alle auch mit dem Kopf angekommen und angenommen sind. Angekommen in einer neuen weiterentwickelten Gesamtgesellschaft. Wieviel Unterschiedlichkeit hält eine Gesellschaft aus oder wieviel Gleichklang braucht eine Gesellschaft?

Wir können unsere zukünftig intensiver werdende Vermischung friedlich und positiv gestalten. Wenn uns allen klar wird, dass wir rational agieren müssen. Körperliche Unterschiede allein, unterschiedliche Hautfarbe beispielsweise, könnten wir mit dem Verstand leicht akzeptieren. Doch dumpfe Emotion verweigert sich, denken wir nur an *#BlackLivesMatter*: Bestimmende Weiße drangsalieren Schwarze. Wäre auch das Gegenteil vorstellbar? Vernünftige sehen die Wirklichkeit unterschiedlichster Nachbarn und akzeptieren diese. Bei den emotionalen Themen, wie Nation, Glaube oder Weltanschauung, ist das schwieriger. Nicht nur in unserer Vergangenheit verführte dieses Irrationale, scharf Ausgrenzende zu schrecklichen Taten. Mit Verstand können wir das alles hinter uns lassen. Entscheiden wir uns für eine neue, rationale Weltgemeinschaft! Eine Gesellschaft, in der sich Gruppen, überholte Weltanschauungen und Nationen nicht mehr abgrenzen. Tun wir uns ohne das Trennende nicht viel leichter auf dem gemeinsamen Weg zur lebenswichtigen Nachhaltigkeit?

Wir alle haben uns entwickelt und sozialisiert in überschaubaren Gruppen: Familiensippen, Stämmen, Völkern, Staaten. Unsere voran preschende Rationalität hat diese enge, natürliche Spur jedoch verlassen. Aber noch immer lösen wir unsere Probleme, so gut es geht, national oder auch feiner, regional gruppiert. Seien es die wirtschaftlichen Aktivitäten, das soziale Miteinander, was wir unseren Kindern weitergeben, die Handlungsordnung und deren Zuwiderhandlungen usw... Unsere politischen Vorstellungen und Lösungsansätze stammen aus der Vergangenheit der Kleinstaatlichkeit. Heute aber sind wir auf einem globalen Weg angekommen, haben uns dorthin katapultiert. Wir nutzen es, global zu wirtschaften, zu reisen, zu leben, aber auch zu schädigen. Migration ist daher unsere neue, leider auch zunehmend bedrohliche Wirklichkeit. Je schneller wir das anerkennen, klug und ehrlich zu uns sind, können wir eine neue, globale und rationale Kultur gestalten. Unsere fortgeschrittene Entwicklung, auch die schädigende, fordern es heraus. Wir müssen also unsere Ordnungsmechanismen anpassen. Leider sehen wir noch keine Notwendigkeit, geschweige denn die Mittel dafür. Klar scheint, wir können das eine ohne das andere nicht schaffen. Doch es braucht dazu eine weltweit funktionierende, uns alle zusammenführende und ordnende Architektur der Handlungswerte.

Wollen wir unsere Zukunft gemeinsam, verantwortlich und aktiv meistern? Noch sind wir von unseren Leitbildern her kaum dazu in der Lage. Wir sind mit unserem Wissen zwar gewachsen, doch nur mit Multikulti, der naiven Schwärmerei der Beliebigkeit, wird dies nicht gelingen. Wir brauchen daher einen neuen, rationalen Ordnungsansatz, der uns aber auch emotional anspricht. Schaffen wir uns ein neues, rationales und integrierendes Selbstverständnis, aber eines das unsere wissende Wirklichkeit widerspiegelt. Dann kann Integration zum Vorteil für alle werden, denn es würde die Gesamtgesellschaft vitaler machen. Dann würden Ethnien, vom Naturprozess in ganz unterschiedlichen Umgebungen optimiert, mit ihren spezifischen Stärken und Identitäten zusammenwachsen. Sie könnten wieder zu einer jetzt neuen, stärkeren Gemeinschaft verschmelzen. Nicht besitzanhäufend global, sondern ethnisch global. Dann würden wir wirklich modern, wirklich global.

Integration muss weltweit gedacht werden. Ernährung und Auskommen von Milliarden Menschen sind ein Menschheitsthema, eines das heute wohl nur weltweit zu lösen sein wird. Migranten suchen Lebenssicherheit und wollen am Konsum teilnehmen. Das ginge nur auf, wenn die Industriegesellschaft ihre Schädigung zumindest ausgleichend zurücknähme. Wir könnten unsere Fähigkeiten mischen, unser fortgeschrittenes Wissen, besonders über Nachhaltigkeit und modernes Umwelthandeln direkt weitergeben, breiter wirken. Denn unsere Atmosphärenerwärmung wird die weltweit stärker werdende

Fluktuation noch forcieren. Dann bräuchte es nicht nur ein regionales, sondern effektiver noch, ein übernationales Management, um die Integration zu steuern und zu unterstützen. Ahnen wir, dass Milliarden in Bewegung kommen können? Wollen wir uns wirklich integrieren, müssten wir uns langfristig tatsächlich als Weltgemeinschaft zusammenfinden. Selbstverständlich nicht an einem Ort, aber in ähnlichen Lebensverhältnissen und im Handeln. Erderwärmung und Naturzerstörung könnte wirkungsvoller begegnet werden!

was wird sein?

wie geht's weiter?

klima, corona und kultur

Anrührend kauert ein Mädchen neben ihrem Pappschild. Sie ist im *SKOLSTREJK FÖR KLIMATET*, einsam aber konsequent. Irgendjemand fotografiert. Dieses unschuldige, letztendlich aber machtvolle Foto vor dem schwedischen Parlament geht um die Welt. Das klarsichtige Mädchen Greta Thunberg rüttelt auf. Sie verweigert ihre Schulpflicht! Es ist vordergründig ihr stärkstes Mittel des Protests. Sie will angesichts des Klimanotstands zum Handeln aufrufen. Boykottiert sie den Baustoff unserer zerstörenden Besitzkultur, zeigt Zweifel an unserer Art der Kulturbildung? Verstört uns die Arglosigkeit, das kindlich Unverdorbene dieses Mädchens? Stehen ihm doch die kaum vorstellbaren Methoden gieriger, kapitalistischer Ausbeutung entgegen, welche Klimakrise und Naturschädigung mit verursachen. Greta nimmt die Zeichen ernst, die unsere Existenz gefährden, uns nicht mehr loslassen werden. Ihr Bangen um ihre Zukunft hat ganz reale Gründe. Und sie ist beileibe nicht die einzige die bangt. Doch ihr Pappschild verdichtet, wird zum epochalen Symbol. Es leitet eine neue Phase menschlicher Handlungsordnung ein: Auf den Würgegriff unserer übersteigerten Verbrauchskultur schlägt die Natur zurück. Dieses zweite, wohl entscheidende Symbol wird zum Fanal.

Greta bringt damit einen Stein ins Rollen, schlägt einen Funken der überspringt. Dieses Mädchen hat die Welt elektrisiert wie kein anderes. Sogar den Vereinigten Nationen hält sie den Spiegel vor. Immer *#FridaysForFuture* demonstrieren jetzt viele Kinder. Es sind meist Kinder aus einem erst durch materiellen Fortschritt möglich gewordenen Bildungsmilieu. Ein Fortschritt allerdings, der Klima und Natur gefährdet. Ein fatales, ein tragisches *double*. Sind Greta und die vielen ihr nachfolgenden Mädchen nicht der Ausdruck dafür, dass das Weibliche die Lebensgefahren besser spürt, mehr an die Nachfolgenden denkt? Die Aktivisten der *#ExtinctionRebellion* dagegen setzen die Furcht vor dem was kommt in Aktionen um. Sie geben sich kämpferisch. Wird ihr Widerstand je spätere Auseinandersetzungen der dann am Klima Leidenden so vermeiden können? | [40]

Eine ganze Generation Gefährdeter hat jetzt begriffen, was der verharmlosende Begriff *climate change* wirklich bedeuten kann. Die *whistle blowing* Greta hat klargemacht, dass sie alle mit ihrem Protest recht haben, alles Recht der Welt. Denn eines ist sicher: *Wer das Klima ändert, ändert die Lebensbedingungen.* Das Leben dieser Jungen wird anders sein als unser heutiges. Es wird überall heißer und trockener werden, mehr Wetterkatastrophen werden zerstören, weniger Wasser, weniger Nahrung und weniger Ressourcen werden übrig bleiben. Und sie werden dichter mit Menschen zusammenleben, die an die noch lebenswerten Orte strömen. Alles wirkt gleichzeitig und bedroht ihr Leben. Die möglicherweise tödliche Konsequenz bisheriger Lebensgier, an der auch sie heute teilhaben. Das beginnen sie zu sehen und demonstrieren. Nicht wie bei früheren Protesten um eine andere Politik. Jetzt demonstrieren sie schlicht für ihre Zukunft, kämpfen um ihr Leben. Sie drängen die Politik, endlich zu handeln. Besonders wir Hauptemittenten des Nordens müssen das Ernst nehmen. Zunehmend mehr ziehen schon Konsequenzen, nehmen ihr Verbrauchsverhalten zurück. Aber noch haben viele Etablierte das Sagen, noch fordern Komfortgewöhnte ihren Teil. Sie sahen in Greta, der Initiatorin des Schüleraufstands, lieber einen *publicity hype*. Eine Figur, die früher oder später von der neuigkeitsgierigen Nachrichtenindustrie verheizt würde. Doch ihre Authentizität oder Ausdruckskraft, ihre Konsequenz, die unserer latenten Ahnung ein Gesicht verlieh, überzeugte. Greta hat die Klimakrise im Weltbewusstsein emotional verankert. Sie ist das Alarmsignal, das Symbol, das alles ausgelöst hat. Ihr bleibendes Verdienst. Schulämter aber verhängten Ordnungsstrafen fürs Schulschwänzen, für diesen Aufschrei der Kinder nach Zukunft. Dabei wäre es die

Pflicht der Elterngeneration, die Klimagefahren zu benennen und wenigstens zu mildern, besser noch zu beenden. Andernfalls ist die menschliche Evolution ein Auslaufmodell. Teils verweisen einsichtige Erwachsene auf ihre Erfolge und ihr Potential, das bisher immer Lösungen fand. Sie vertrauen dem mächtigen Treiber Kapital. Teils sind es auch Schwache, die hoffen, dass alles nicht so schlimm werden wird. Doch kühl kalkulierende Ältere spekulieren, dass es sie in ihrer Lebenszeit nicht mehr treffen wird. Und solche Alte, also die Wähler über 50, stellen beispielsweise in Deutschland fast die Hälfte der wahlaktiven Wähler. Die jungen, die es wirklich treffen wird, werden nicht gefragt. Trauen sich die Alten denn, den Kindern zu sagen, dass sie längst aufgegeben sind? Empfinden wir alle keine Scham? | [82 41]

Es ist immer wieder die unverbogene Jungend, deren Lebenskraft und Lebenswille verkrustete und falsche Entwicklungen spürt. Deshalb rebellieren sie jetzt gegen die Übermacht der Alten. Ihr Reformwille, ihre Suche nach notwendiger neuer Gesellschaftsordnung. Jüngere Beispiele waren die 68er, die Studenten Pekings, die jungen Hongkonger. Heute dagegen geht es nicht mehr nur um Reformen, um die Ordnung einzelner Staaten, es geht jetzt um das große Ganze, es geht um uns selbst.

Greta als Symbol und die mit ihr protestierenden Kinder erweitern unsere Kultur unbewusst um eine gänzlich neue Dimension. Es ist die Abkehr von der männlich bestimmenden, lenkenden bisherigen Kultur. Deren Start mit dem Symbol des Löwenmanns steht für Männerdominanz. Sie wirkte lange. Das Symbol Greta beendet diese scheinbar grenzenlose Aufbauphase und warnt vor der unbestechlichen Natur. Unser Handeln kann unsere bisherige Lebensform in kürzester Zeit beenden. Daher ist ihr Protest nicht vergleichbar mit den vielen vorausgegangenen. Es ist eine Graswurzelbewegung, übernational, überparteilich. Die Auslöserin Greta lehnt Führerschaft ab, genauso wie ihre Mitstreiterinnen. Die Bewegung ist mindestens geschlechtergerecht, hat sogar einen Mädchenüberschuss. Und sie ist übernational. Ihre Interessen sind *pro* Mensch, zusammenführend. Vorwiegend weibliche Eigenschaften also. Sie sind sachorientiert, basisdemokratisch, frei von Machtgehabe, noch ohne Aggression. Ein Novum in der anführenden Männerkultur, unserer oft aggressiven Kultur. Eine Abkehr vom überkommenen Königsprinzip, dem allgegenwärtigen Anführermann, den Führungscliquen und ihrem alles beherrschenden, aggressiven Kapital. Da drängt sich die Parallele zu einem Antropologenstreit auf. Forscher führen ihn über die Quelle unseres Menschseins: Da gibt es zum einen die Schimpansen. Sie sind männerdominiert, von Anführern gelenkt. Das bekommen die Weibchen zu spüren. Auch Kriege mit Nachbargruppen oder konkurrierenden Arten werden angezettelt. Die Bonobos dagegen sind von Frauen geführt und gruppenorientiert. Sie agieren gemeinsam. Das helfende Miteinander wird oft auch mit Sex belohnt. Grundsätzlich friedlich, verteidigen sie sich aber gemeinsam. Welche also waren unsere Wurzeln?

Entwickelte, heute komplexe Gesellschaften brauchen Offenheit, Diskussion, Transparenz und rationale Entscheidung. Ihre vielfältigen Verknüpfungen sind anspruchsvoll. Dafür muss alles Wissen, alles was gesellschaftlich bedeutend ist, darstellbar und beweisbar sein. Anders ist eine gemeinsam anerkannte und zukunftsfähige Ordnung kaum zu gewährleisten. Dennoch sehen wir eine gewaltige Kluft zwischen den herrschenden Ordnungen. Da geistern Normen des Vergangenen herum, halten sich emotionale Nischen. Sie entlasten sich immer noch selbst, etwa mit einem *so wahr mir Gott helfe*. Ein Alibigott! Konzentrierter noch, wenn sich etwa ein *Vicepresident* eines mächtigen Staates außerstande sieht, mit Wahlbetrug eine Verfassung zu verletzen. Er begründet dies damit, dass er *im Namen Gottes* seine Treue geschworen habe. Oder wenn ein Präsident desselben Landes, ein Meister auf der emotionalen Klaviatur, unter Polizeischutz mit einer Bibel feixend nach Wählerstimmen winkt. Oder wenn ein russischer Tyrann eine museale Popenschaft als wohlfeilen Machtstabilisator wieder aktiviert. Hatten doch die Kommunisten längst alles Religiöse ausgemustert. Mit *Gott*unsinn drangsalieren und töten auch die Taliban! Doch irgendetwas Quasireligiöses, einen Festhaltegott, eine Aura oder selbstgeschirrte Scheuklappen brauchen manche wohl für ihre Zuversicht, für ihre Sozialrolle. Dies motiviert immer noch viele, regt Gruppen an, sozial und pro Gemeinschaft zu handeln, aber auch zu disziplinieren und zu zwingen. Lenkbare Schwache! Nicht umsonst pflegen demokratische Staaten ihre Religionsstabilisatoren, garantieren ihnen Religionsfreiheit, wollen sich nicht einmischen. Auch neigen wir dazu, wenn's unangenehm wird, Erkanntes beiseite zu schieben und lieber beruhigend Falschem zu glauben, an ein Gottesvolk, an eine Nation. Doch Gruppen unterschiedlicher Lehre müssten, systematisch gesehen, gegeneinander kämpfen, wenn sie ihre *Wahrheits*-Fantasien fanatisch ernst nehmen. Diese Psycholügen einer längst vergangenen, wissensarmen Zeit sind aber mit unserem explodierenden Wissen heute ein schreiender Widerspruch. Und mit diesem ignorieren wir die Erfordernisse der Erdnatur. Doch sind wir als Gesamtheit von ihr abhängig und werden leiden, tun es bereits. Nur Wissen und Nachhaltigkeit können helfen!

Die moderne Gesellschaft handelt längst rational zielgerichtet, zumindest was viele Leitfiguren, was Wirtschaft und Technik angeht. Die heute maßgebenden Gruppen drängen nicht nur wirtschaftlich, auch medial und politisch. Technisches Können und wirtschaftliches Interesse beschleunigen den Änderungsprozess. Dies bringt uns zusammen und macht die Welt zu einem globalen Ort. Jede *Apartheid*, sei sie weltanschaulich, ethnisch oder sonstwie erzwungen, gilt es zu entsorgen. Schaffen wir eine neue, rationale und global verbindende Kultur für alle, Afrikaner, Europäer, Asiaten, die Menschen im indisch-pazifischen Raum und Amerikaner!

Wir könnten ja gerne weiter jedem Glaubensunsinn nacheifern. Wir könnten uns ja gerne weiter allen anderen Ethnien verweigern. Wir könnten uns ja gerne weiter national einigeln. Wir könnten ja gerne weiter Geld scheffeln. Wir könnten ja gerne weiter einfach abtauchen. Wenn, ja wenn wir jetzt nicht den entscheidenden Entwicklungsschritt gehen müssten. Und dies schaffen wir *nur* rational. Andernfalls enden unsere heutigen Lebensformen. Denn wir türmten durch unser Handeln weit reichende Konsequenzen auf. Beschränkende Regeln, eine rational entwickelte Ordnung drängen sich auf. Besonders dann, wenn wir in unserem Komforteifer missachten, was für Menschheit und Natur noch tragbar ist. Stehen bleiben wollen oder gar ein Zurück ist unrealistisch. Tatsächlich hängen wir immer noch an den Traditionen der Vergangenheit, an dem von Männern erfundenen Anführerprinzip. Wir tun dies je nach Entwicklungsfähigkeit und Bereitschaft durchaus unterschiedlich intensiv. Vorne technisch-wirtschaftlich mit dabei sein und dennoch emotional stehen bleiben wollen ist ein grundsätzlicher Widerspruch. Unser Verstand, der systematisch, schnell und überall agiert, drängt weiter, drängt zum Komfort. Daher brauchen wir eine neue Ordnung für das Hier und Heute unseres fortgeschrittenen und folgenreichen Handlungspotentials. Eine rationale Ordnung, die den Naturprozess respektiert und nachhaltig unsere Weiterexistenz sichert. Sonst... | [121]

Analysieren wir unser Verhalten, kennzeichnen Denkweisen unseren kulturellen Weg. Nach den Ordnungen der Erzähler machten wir unseren ersten wesentlichen Paradigmenwechsel, wir nutzten Naturwissen. Wir sahen die Welt anders, rationaler, und haben die Glaubensbeliebigkeit mit unverrückbarem Wissen verdrängt. Manche vollzogen dies jedoch nur halbherzig. Heute müssen wir unsere Art zu denken und zu handeln erneut ändern. Es wird gar zur Disruption, zur Zerstörung bisheriger Selbstverständlichkeiten kommen. Wir ahnen schon, dass unser Könnensfortschritt, unsere grenzenlose technische Machbarkeit ihr Ende finden wird. Hat unsere Machbarkeitseuphorie die Randbedingungen unserer Naturwirklichkeit nicht gesehen? Nicht sehen wollen, dass unsere Weltnatur verletzlich, tatsächlich endlich ist?

Analysieren wir naturwissenschaftlich, technisch und statistisch unser Heute, schafft unsere Komfortsucht permanent Tatsachen. Lufthülle und Weltmeere erwärmen sich durch unsere Komfortgase. Genutzte Landflächen verdrängen immer mehr Natur. Optimisten bauen darauf, dass technischer Fortschritt Lösungen für alle Folgen unseres ausufernden Verbrauchs der Ressourcen finden wird. Und das in menschlicher Zeitdimension. Doch wenige Realisten befürchten, dass wir Aufheizung, Artensterben und verlorene naturbelassene Flächen nicht allein mit technologischen Ersatzsystemen ungeschehen machen können. Dies kann einen umgehenden Komfortverzicht und eine grundsätzlich andere Lebensführung bedeuten. Wenn wir nicht sehr schnell unseren Verbrauch deutlich reduzierten, riskierten wir zu scheitern. Wenn diese Sicht tatsächlich zutrifft, stellt sich die entscheidende Frage an uns zutiefst individuell und egoistisch Ausgerichteten: Bringen wir, gegen jede Erfahrung, genügend Altruismus oder Selbstlosigkeit auf, uns zurückzunehmen und zu beschränken? Werden wir das kommender Generationen zuliebe tun?

Wir haben begriffen, dass der Naturprozess Ausbreitung ist. Alles wächst und erobert neue Räume, bis sich Konkurrierendes gegenseitig dämpft. Auf Dauer halten sich die Arten gegenseitig in

Schach. Wir Menschen stören diesen Mechanismus, haben uns fast vom Naturprozess entkoppelt. Denn wir greifen in dieses Geschehen fortwährend ein. Leben auf der Erde hat zwei Zufallssäulen: Ein Prozess sich bildender Gase, aus denen Atmosphäre und Wasser hervorgingen, schlussendlich also das Klima. Und darin erst konnte ein weiterer Prozess starten, der Leben entwickelte. Dieser war und bleibt immer von Atmosphäre und Wasser abhängig. In diesen Zusammenhang greifen wir ein, verändern Gaszusammensetzung und Teile der Natur. Das gesamte Prozessgeschehen wird darauf wohl erst langsam reagieren, dann aber unabwendbar. Die konkreten Folgen kennen wir nicht, können sie nur rational abschätzen. Wollen wir als kulturelle Menschen weiterhin existieren, müssen wir diesen *clash* mit der Natur verhindern. Die Menschen in Australien können uns Beispiel geben. Sie leben immer noch und viel länger als alle anderen mit ihrer immer gleichen, naturverbundenen Kultur. Sie blieben so Jäger und Sammlerinnen ohne persönlichen Besitz. Ihre Kultur der Traumzeit anerkannte die Natur als Ordnungsgeber. Auch ihre Erzählungen waren, wie alle Überweltgeschichten, erfunden und weitergereicht. Doch sie stünden, hätten sie alleine gelebt, nicht vor unserem Trümmerhaufen: Vor einer Besitzkultur, die das Weltklima erwärmt, die Natur verdrängt und so das Weiterleben gefährdet. Können wir mit unserem vielen Wissen den jetzt notwendigen nächsten Bewusstseinsschritt gehen? Können wir von den Naturvölkern wieder lernen, dass wir nur im Respekt mit dem Gesamtprozess Natur fortdauern können? Das würde ganz praktisch bedeuten, Klimaschädigung klug bremsen und Natur und ihre Ressourcen bewusst schonen. Das gilt sowohl für Menge als auch für Qualität. Noch haben wir eine Chance. Mit heutigem Wissen, Problembewusstsein, Achtsamkeit und Suffizienz, also Genügsamkeit, können wir unsere Lebensgrundlagen retten. Wir können unser systematisch zerstörendes Handeln stoppen. Wir brauchen eine neue, eine nachhaltige Kultur. Eine Kultur, die unserem heutigen Wissens- und Könnenspotential entspricht. Eine Kultur, die unseren heutigen Weltzustand wieder realistisch in den Naturprozess einordnet. Umdenken und bewusst umsteuern ist ein beschränkungs-, zeit- und geldintensiver, aufwändiger Prozess. Wir brauchen dafür unsere ganze Kreativität. Jedes Jahr, das ab heute ungenützt verstreicht, verschlimmert die ohnehin schon gravierende Schädigung. Erwärmung und Artensterben, auch unseres, kann zum Selbstläufer werden.

Wird vor Klimakatastrophe und Naturzerstörung gewarnt, ist dies für viele nur Untergangsrethorik, Dystopie, Angstmache, eine neue Apokalypse. Auch früher hätten Alte vom baldigen Ende der jungen Veränderer geunkt, vom Ende das nie kam. Ob wir uns selbst verdrängen werden wissen wir heute noch nicht. Aber wir wissen, dass dies erfolgen kann. Nichts wäre uns Warnern lieber, als mit unseren Analysen falsch zu liegen. Wir würden uns mit allen Skeptikern freuen, dass wir uns geirrt haben. Wir bräuchten nur zu warten, bis die Lufthülle nicht weiter erwärmt würde, besser noch, wenn sie wieder etwas kühler würde. Denn alles könnte so wunderbar wie bisher weitergehen. Doch seit wir das Technische intensiv betreiben, um unseren Komfort zu steigern, steigt auch die Erwärmung, ja sie nimmt beschleunigend zu! Wir reagieren auf die Wetterunruhe mit den vielbeschworenen Innovationen in Effizienz und Nachhaltigkeit. Geht das denn ohne Nebentöne: Bedeutet mehr technische Abwehr nicht oft auch noch mehr und oft schädigenderen Ressourcenverbrauch und Aufwand?

Wir emittieren ungebremst in eine Gasschicht in der hohen Atmosphäre, auch als Treibhauseffekt bezeichnet. Dies heizt die Erde auf. Aber auch die Milliarden Menschen und unsere Megastädte stellen an sich schon ein gewisses Wärmepotential dar. Genauso liefert die hochwertige Produktion an tierischer und pflanzlicher Ernährung weiteres Wärmepotential. Auch der heute geforderte Komfortbedarf, der nur mit intensivem Ressourceneinsatz möglich ist, schafft Wärmepotential. Und alles muss in den für diese Menschenmassen erforderlichen Mengen produziert werden. All das erfordert Siedlungs-, Industrie- und waldvernichtende Agrarbrachen, die ihrerseits Wärmepotential haben. Was gilt dann erst für die 2050 ohne Geburtenkontrolle voraussichtlich auf 10 Milliarden angeschwollene Weltbevölkerung?

Da wird hoffentlich allen klar, dass eine sehr große Herausforderung vor uns steht. Wir als Verursacher der Erwärmung haben es in der Hand, den Treibhausschirm nicht immer dichter zu füllen. Aber schon allein klimagasneutral zu werden ist schwer. Jedenfalls müssen wir unser schädigendes Handeln so lange herunterfahren, bis sich eine klare Wirkung zeigt. Aber selbst wenn wir dies schaffen, können wir den Anstieg der Welttemperatur in unserer Lebenszeit allenfalls verlangsamen, das Klimageschehen aber kaum wieder zurückschrauben. Wird es dazu genügen, alleine Windräder und Solarpanele aufzustellen? Müssen wir auch etwas an unserem Verbrauch ändern? Welche Zwänge müssten dazu verordnet werden? Oder genauer, welche Selbstdisziplin und Selbstbeschränkung müssen wir aufbringen?

Sicher sind wir durch technologischen Fortschritt einerseits energieeffizienter geworden. Andererseits erfordern unsere heute besonders in den Industrieländern gewollten Lebensformen deutlich mehr Aufwand. Gibt es eine Chance mit weiterentwickelter Technologie, zielgerichteter Organisation, also weiterhin wachsendem Komfort? So simpel gedacht und gehandelt wird es schwierig. Gemeint ist ohnehin nur der Aspekt: regenerative Energie ersetzt fossile. Wirtschaft will wachsen, bis heute ist dies erklärtes Ziel. Das bedeutet mehr und aufwändigere Produkte, mehr und aufwändiger veredelte Ressourcen. Da ist noch keine Rede vom wachsenden Naturverbrauch, der genauso erwärmt. Technischer Umbau allein reicht da wohl nicht. Wahrscheinlich müssen wir unsere Handlungsanreize verändern, unseren Verbrauch einschränken. Dazu bräuchten wir ein neues, ein nicht mehr gewinngetriebenes, nicht mehr expandierendes Wirtschaftshandeln. Das würde ein grundsätzliches Ändern unseres weltpolitischen und weltsozialen Verhaltens voraussetzen. Genauso sollten wir die Natur nicht mehr als Verbrauchsgut oder als Gegner sehen. Wir müssten dieser Lebensvoraussetzung viel Raum zurückgeben. Denn einem verletzlichen aber lebensentscheidenden Partner hilft man klugerweise mit Zurückhaltung und Freiraum. Denn wir brauchen sie! Wir sollten nie vergessen: die Natur kennt keine politischen Tricks.

Leider wird die Wirkung aller Aufheizung und Naturzerstörung nicht sofort aufhören. Nicht einmal, wenn wir uns vernünftig beschränken und unseren Verbrauch erfolgreich bremsen. Falls wir uns tatsächlich disziplinieren können und alles CO_2 vermeiden, wird unsere wachsende Bevölkerung auch weiterhin verstärkt Methan und Lachgas emittieren. Die Mitteltemperatur nimmt also weiterhin zu, wenn auch dann gebremst. Selbst wenn wir mit aller Schädigung Schluss machen, werden die Auswirkungen dennoch sehr lange anhalten, viele Generationen. Der wärmende Treibhausschild bleibt lange stabil, Kohlenstoffdioxid viele Jahrhunderte, Lachgas hundert Jahre. Nur Methan baut sich schnell ab, braucht dazu etwa ein Jahrzehnt.

Auch die Lufttemperatur wird, durch die Erdwirkung selbst, einige Zeit weiter steigen und insgesamt weiter aufwärmen. Denn Luft und Wasser wärmen sich bei jetzt schon erhöhter Temperatur schneller auf als zu Anfang. Und das jetzt schon aufgebaute Wärmepotential der Gesamterde wird sich, selbst bei langsam schwächer werdendem Wärmeschild, erst sehr zögerlich verringern. Denn das Meer, dieser riesige Wärmespeicher, bleibt erwärmt. Das Eis bleibt geschmolzen. Das Trinkwasser ist jetzt schon knapp. Die ausgerotteten Artenstränge bleiben unwiederbringlich verloren, ebenso denaturiertes Land. Andererseits wird die schon begonnene Methanemission der Erde unser schädigendes CO_2 eine Zeitlang zusätzlich ergänzen. Besonders das der auftauenden Permafrostböden und der wärmer gewordenen Meere. Die mittlere Temperatur unserer Lufthülle wird sich daher für Generationen nicht senken. Unsere Nachkommen haben das Nachsehen mit deutlich schlechteren Bedingungen in einer wohl nur noch weniger Menschen ernährenden Welt. Wir müssen unsere Chance schnell ergreifen, jetzt und sofort, solange wir noch den Schaden wenigstens begrenzen können.

Endgültige Antwort wird unser Handeln geben. Wenn wir die Schädigungen nicht als unser ureigenes Versagen akzeptieren, verpassen wir eine Chance. Wir müssen uns also vorrangig auf deren Reparatur konzentrieren. Es wird eine Operation an einer Patientin Natur, deren Wirkprinzipien wir noch nicht vollständig verstanden haben. Ihre Stabilität ist unsicher. Doch ändern wir nichts oder nur halbherzig, trifft es die jungen Menschen und deren zukünftige Kinder unweigerlich. Unser protokollierendes und dokumentierendes Wissen lässt kaum Zweifel zu. Hier öffnet sich ein Riss zwischen den Generationen. Dieser wird unsere Gesellschaft stärker zerreißen, als es die 68er Jugendrevolte je vermochte. Damals waren es nur Verhaltensänderungen, weniger Konvention und mehr Selbstbestimmung. Frauen etwa wurden freier, wir konnten unseren Sex freier ausleben. Das konnte Jede und Jeder gut oder schlecht finden, je nach Gefühl und Neigung. Heute steht unser Verbrauchshandeln am Pranger und dessen Folgen treffen uns alle, ob nachhaltig lebend oder in Saus und Braus. Denn nur vegan essen, Ökostrom einkaufen und ein e-Auto fahren um so Klimakatastrophe und Naturzerstörung abzuwenden, bedeutet schlicht glauben. Aber durch *Wegglauben* wird die uns drohende Klimagefahr sehr bald unwiderruflich wahr.

Unser kulturelles Wachsen hat uns zu Konkurrenten der natürlichen Evolution gemacht. Die Naturevolution wächst langsam. Ihre Wirkungen regeln sich gegenseitig, fatal zerstörend und kreativ aufblühend, den Umgebungsbedingungen sowie dem Zufall unterworfen. Auch wir sind dem gleichermaßen ausgesetzt. Doch unser Handlungspotential ist in der Summe systematisch. Es wächst durch Macht, Kultur, Wissen, Technik und Handel, solange es Klima und Ressourcen erlauben. Auch die Hinterlassenschaften unserer Handlungen wachsen, bleiben zunehmend stabil, bauen sich kaum mehr ab. Weder wir selbst entsorgen diese Wohlstandsfolgen und Wohlstandsruinen, noch greift der natürliche Abbau, da er sehr langsam wirkt. Wir favorisieren neue Techniken, oft sträflicherweise ohne an Folgen und Entsorgung zu denken. Beispielsweise wurde der unseren Energiehunger anspornende Atomstrom zuerst hoch gehandelt. Nach verheerenden Störfällen mit riesigen Betonsarkophagen zugedeckt, stehen diese als Ruinen herum, nicht mehr zu entsorgen. Aber auch die danach euphorisch begrüßten fast CO_2-frei stromerzeugenden Windräder müssen irgendwann entsorgt werden. Ihre Rotorblätter enthalten schädigende Kunststoffe, was anfangs ebenfalls nicht bedacht wurde. Unsere Sorglosigkeit und ihre Auswirkungen verdrängen und dezimieren die Natur an vielen Orten. Eine forcierte Schädigungsspirale? | [94]

Trotzdem verdrängen wir Gehörtes, verdrängen Gefahren gerne, neigen zum Verharmlosen. Denn wir wollen hoffen können, wollen uns und andere gern positiv stimmen. Selbst wenn etwa neue Hitzerekorde gemessen werden, kein Regen fällt, wenn ganze Waldregionen brennen oder Orkane immer mehr Land fortspülen, sehen wir weg. Viele sehen darin nur zufälliges, lokales Unglück. Ist die Hitze vorüber, sind die weltweiten Brände gelöscht, die Ufer höher eingedeicht, gehen wir zur Tagesordnung über. Allenfalls Versicherer kommen unter Druck. Wir lenken uns lieber mit den neuesten Nachrichten unserer immer virulenter werdenden Massengesellschaft ab. Denn Schädigungen sind wir gewöhnt, sie gab und gibt es immer wieder. Zugegeben, es ist ja schwer, ja tragisch, dass wir eine in der Ferne dräuende Gefahr kaum wahrnehmen. Selbst wenn wir um die Gefährlichkeit wissen. Uns fehlt das unmittelbare Erleben, die fühlbaren Folgen. Denn wir leben gerade in guten Zeiten, in solchen, die es noch nie so wissend und gleichzeitig für so viele Menschen relativ friedlich gab. Viele fühlen sich stark und geschützt, sitzen auf einem hohen Komfortross. Wir könnten ja gegensteuern, so die falsche Gewissheit, wenn die Folgen erst spürbar werden. Doch wer diese sich zusammenballende Gefahr ignoriert, ablesbare Zeichen auf die leichte Schulter nimmt, handelt dumm gegen sich. Er handelt aber besonders verantwortungslos gegenüber Anderen. Wir können nicht weiterhin hoffen, dass die Wirklichkeit sich so verhält, wie wir möchten. Aber auch nicht, dass sich in letzter Minute ein technologisches Schlupfloch auftut. Was in Aufbauzeiten vielleicht half, hindert am heute notwendigen rationalen Handeln. Wir müssen endlich handeln, und zwar rasch. Wir haben den Verstand, uns am Aufheizen und Zerstören zu hindern. Aber wir Schädiger haben wahrscheinlich nur noch eine Chance im Weniger. Es sollte qualifiziert und durchdacht geplant und dann umgesetzt werden. Optimal wäre, wenn wir uns ganz auf das Zurücknehmen unserer zerstörerischen Handlungen konzentrierten. Es bleibt nur wenig Zeit. Wie also handeln wir zukünftig?

Unser Verstand hat sich zu einem mächtigen Handlungsanreger ausgewachsen. Dies machte uns so potent, dass wir die evolutionäre Beschränkung hinter uns ließen. Wir wollen über alle Grenzen wachsen, gar Tourismus im All betreiben. Doch unsere Erde ist nur ein begrenzter Raum. Wir müssen sie mit der Restnatur teilen. Dies ignorierend schaffen wir uns vermeintlichen Vorteil und beuten Natur und Erdressourcen aus. Wir drängen so alle Spezies an die Existenzgrenze, selbstverständlich auch uns selbst. Wir nehmen allen die Luft zum Atmen. Wir sind gerade dabei an eine obere Schranke zu stoßen: an die Konsequenzen der Weltaufheizung und gleichzeitig der Naturzerstörung. Was zuvor die Natur mit sich selbst löste, den gedeihlichen Ausbau des Artenmixes, müssen jetzt wir aus rationalem Eigeninteresse leisten. Denn um zu florieren, sagt die Evolutionsbiologin Judson, muss eine lebende Welt ihre Umwelt bereichern. Aber wir bereichern und schädigen gleichzeitig. Nur wenn wir uns einen gleichwertigen Platz neben den Naturnotwendigkeiten zuweisen und qualifiziert handeln, haben wir eine längerfristige Chance. Andernfalls gefährden wir uns genauso wie das Gesamtsystem Natur. Wir müssen so etwas wie einen Darwin 2.0 installieren. Eine fortgeschrittene Evolution gewissermaßen, welche das Zufällige der Natur und das Systematische des Menschen zusammenführt.

Ein Verstand muss uns jetzt steuern, der die ganze Wirklichkeit ernst nimmt. Ein Verstand, der Weltumgebung, Natur und unsere Einflussnahme auf alles ausmisst und bewertet. Ein Verstand, der aus diesem Wissen heraus neue, dämpfende und ausgleichende Handlungsnormen entwickelt. Ein Verstand, der unser Handeln deckelt. Und ein Verstand, der unser Gefühl aufs Zwischenmenschliche beschränkt. | 93

Wir stehen heute am Scheideweg: Volle Pulle gilt es, also wirtschaftlich und technisch beschleunigend, unseren erarbeiteten und erkämpften Komfort auszuleben. Dies verlockt! Europäer, Nordamerikaner, Chinesen und Russen sind da vorneweg. Wollen wir aber wirklich mit röhrendem Motor an einem Baum zerschellen? Oder wäre ein langsameres, aber dauerhaftes Fahren klüger? Noch haben wir keine Gewissheit, noch geht es nur um Risikostrategien für die Zukunft. Unsere Vergangenheitserfahrung lässt uns zweifeln, unsere Bequemlichkeit sucht nach Ausflüchten. Erdrückt die Sommerhitze, kaufen wir energieverbrauchende Klimaanlagen. Den Alten und Armen geben wir gleichzeitig den wohlfeilen Rat, in die unterkühlten Kaufpaläste zu gehen. Die Städte planen mehr Grün, mehr Bäume. Wird das der Hitze, des Regenmangels und des sinkenden Grundwasserspiegels wegen überhaupt noch Erfolg haben? Die Politik kritisiert zu hohe Kosten beim Klimaschutz und sieht keine Möglichkeit, den industriellen Naturverbrauch einzudämmen. Sie ziert sich bei konkreten Maßnahmen. Klimaschutz rangiert immer nach Wirtschaftlichem, wird davon gar verdrängt. Unserer eigentlich zentralen Zukunftsaufgabe, Aufheizung und Dezimierung der Natur zu stoppen, begegnen wir mit *business as usual*. Klimaaktivisten sind für uns nur pessimistische Warner, einfach lästig.

Wie aber und mit welchen Mitteln sollten die Vernünftigen, die es auch gibt, jetzt reagieren? Wir sollten die Szenarien durchspielen, die sich abzeichnen. Die Auswirkungen lassen sich dann realistischer einordnen. Da es um das zur Neige gehende Erdpotential geht, zählt alles: Die gesamte Erde, ihre ganze Natur, alle Bodenschätze und besonders alle Folgen unseres Handelns. Wollen wir Erfolg, also ein verträgliches und langfristiges Weiterleben, bleibt uns nur der weltweite Blick. Nur so sollte unser analysierender Verstand Tendenzen abwägen. Und wir sollten bei den wichtigsten Einflussgrößen anfangen und eine Prioritätenliste festlegen.

Als Soforthandlungen bieten sich an: Die industrielle Methanemission radikal abbauen. Die kurzlebigen Klimaschädiger wie Öl und Kohle beim Verheizen durch *Pellets* oder andere Technologien ersetzen. In der Landwirtschaft naturkonform produzieren. Überproduktion, also Müll, so weit es geht eindämmen. FKW, Fluorkohlenwasserstoffe, die das ozonschädliche FCKW ersetzten, ebenfalls reduzieren. Bei allen anderen Klimamaßnahmen, Umbau des gesamten Energieverbrauchs etwa, müssen wir jedwedes menschliche Gefühl beiseite lassen. Sie werden sicher weh tun und uns einschränken. Aber es geht um existenzielle Entscheidungen. Sind wir bewusst genug, dies in einer weltweit konzertierten Aktion umzusetzen? | [108]

für welche ursachen, welche mittel?

Voraussagen zu zukünftigen Ereignissen sind immer vage. Prognosen sind unsicher, fehlerbehaftet. Riskant, aber dennoch notwendig. Selbstverständlich können wir nur das Messbare feststellen und seine Tendenzen fortschreiben. Praktisch, wissenschaftlich, auf der Basis des heute Absehbaren. Abweichungen nach oben und unten sind möglich. Für die drohende Krise wissen wir beispielsweise nicht genau: Wie entwickelt sich die Weltbevölkerung? Geht dadurch der Artenverlust durch immer mehr und höherwertige Ernährung weiter? Veröden wir dadurch immer mehr Naturfläche durch Landwirtschaft, Industrie und Wohnen? Wir kennen das Bisherige, können extrapolieren. Können technologische Neuerungen kombiniert mit rationalen Strategien die Natur stabil halten, trotz steigender Weltbevölkerung? Die Mitteltemperatur der Erde hat sich gegenüber der vorindustriellen Vergleichstemperatur jetzt schon um mindestens 1,3 °C erhöht. Würden wir sofort überhaupt kein CO_2 mehr emittieren, würde die Mitteltemperatur dennoch weiter steigen. Denn das CO_2 das wir schon nach oben geblasen haben, bleibt oben. Alle anderen Gase auch. Auch Eisschmelze, warme Weltmeere, tauende Tundren, vertrocknende Wälder, die sich ausweitenden Landwirtschaftsflächen und die Landwirtschaft selbst, wirken weiterhin. Auch der Treibhausschirm baut sich, wie schon beschrieben, lange Zeit nicht ab. Selbst wenn wir unseren Ausstoß an CO_2 sofort beenden, bleibt fraglich, ob wir dann schon bei 1,5 °C Aufheizung stehen bleiben würden. Denn das schon angesammelte Wärmepotential an den Polen, in den Meeren und auf den Landbrachen wird weiterwirken. Die anderen Klimagase, aus der Landwirtschaft oder aus den auftauenden Tundren, entweichen weiterhin. Und die Natur verarmt zunehmend und ist zusätzlich dem Wärmestress ausgesetzt. Unser Handeln muss sich also schnell ändern. Trotz dieser Aussichten wachsen Verbrauch und Zerstörung weiter. Ist Komfort doch so attraktiv. Dies feuert sogar zu Überkapazitäten an, immer mehr. All das heizt zusätzlich, verbraucht mehr Natur. Wir müssen den immer schneller ansteigenden Trend der Erwärmung umkehren, wenn das Klimagefüge nicht kollabieren soll. Und das bedeutet wohl mehr als nur CO_2 zu vermeiden.

Wir müssen uns entscheiden: Wieviel Menschen wollen wir auf der Erde sein? Da geht es um Lebensräume, Geburtenkontrolle, aber auch um Abtreibung und Sterbehilfe. Wie soll die oder der Einzelne in der Zukunft leben? Als Individuum braucht es die Gruppe, um zu überleben. Aber es braucht keine Milliarden Menschen. Da geht es um die Verteilung von Ressourcen und deren Konsum. Da geht es darum, welche Gesellschaft mit welcher Ordnung das steuern kann. Kann das eine individualistisch und heterogene Welt? Kann das eine kapitalgetriebene Welt? Kann das nur eine zentralistisch stringent gesteuerte Welt?

Wir schwitzen und schimpfen wohl, wenn Hitzetage immer neu Rekorde brechen. Wenn sich der beißende Rauch verzogen hat. Wenn Hochwässer abgelaufen sind. Und wenn alles überstanden, zusammengekehrt und weggeräumt ist, bleibt der Eindruck: so schlimm war das nicht, das werden wir schon schaffen. Erst später wird dies wirklich plagen. Und dann trifft das ja nur die Nachfolgenden! Einzelne Länder beginnen zaghaft, nicht zuletzt um ihre störenden Umweltaktivisten zu beruhigen, mit dem Wechsel zur nachhaltigen Energie. Immerhin wächst der Anteil erneuerbarer Energie aus Wind, Sonne und Abfall überproportional von weltweit 2 % auf geschätzt 7 % in 20 Jahren. Beispielsweise erzeugte Deutschland 2019 etwa die Hälfte seines elektrischen Stroms erneuerbar, rund 17 % seiner Gesamtenergie. Es verbleiben dennoch über 90 % fossile Energie beim Weltverbrauch. Nur dies zählt. Trotzdem wird allein der fossile Energieanteil weltweit weiter anwachsen, mindestens auf das Niveau, was wir heute schon insgesamt an Energie verbrauchen. Auf ganz anderem Feld, aber ähnlich, wächst beispielsweise der Fleischkonsum, obwohl mehr Menschen vegetarisch essen. Doch aller Mehrverbrauch erwärmt weiter. Zeigen uns diese Tatsachen nicht augenfällig, dass wir dem Klima nur mit einer Reduktion aller unserer Ansprüche helfen können? | [117]

Alles frei werdende CO_2, alle Gase werden in die Atmosphäre geblasen. Denn auch Meere, Wälder und Moore, die bisher einiges davon aufsaugten, sättigen sich oder verschwinden. Zusätzlich wird es wärmer und ihre Aufnahmefähigkeit nimmt ab. Weiteres ist absehbar: Es wird zunehmend mehr Hitzetage geben. Dürren, eine Ausweitung der Wüstengürtel um die Wendekreise sowie verheerende Stürme und Flächenbrände werden zunehmen. Die Vegetation wird sich anpassen wollen, aber Brände werden ihr zerstörendes Werk fortsetzen. Gleichzeitig wird das Wetter unruhiger werden. Unwetter mit Starkregen und Stürmen werden zunehmen. Böden werden ausgewaschen. Landwirtschaftlich nutzbare Flächen werden dadurch verloren gehen. Auch die gemäßigten Breiten werden immer trockener werden. In Südeuropa, Asien von der Türkei bis Pakistan und im Norden Afrikas wird der ohnehin schon spürbare Wassermangel immer gravierender. Auch in Teilen Asiens, den USA, im Süden Afrikas und in Australien beginnt der Wassermangel. (An manchen Orten dort spielen dennoch Reiche, sogar verantwortliche Regenten, seelenruhig Golf auf gut gewässertem Grün.) Die Meere werden ansteigen, sicherlich zuerst langsam, dann beschleunigt. Das gefährdet viele Millionenstädte am Meer. Und selbst wenn wir kein CO_2 mehr hinausblasen würden, werden wir nicht mehr auf den Stand vor der Erwärmung zurückfinden. Denn auch unsere irdischen Wärmespeicher füllen sich.

Schon klagen Betroffene, doch andere werden noch lange gegen die angeblichen Klimahysteriker schimpfen. Dennoch heizen wir ganz unterschiedlich starken Schädiger das Klima ungebremst weiter an. Wenn die Schäden wirklich wehtun, wird korrigieren schwierig. Wir schaffen es bisher nicht einmal, den Ausstoß der Treibhausgase nicht weiter zu erhöhen. Ganz zu schweigen davon, Kohlenstoffdioxid, Methan, und Lachgas tatsächlich weniger zu erzeugen. Noch immer werden neue Lagerstätten fossiler Energie erschlossen und neue Versorgungsleitungen verlegt. Wann nehmen wir uns endlich zurück? Wann tun wir dies weltweit gemeinsam?

Ab einer bestimmten Temperatur beteiligen sich zusätzlich sogenannte klimatische Kippelemente an der Erwärmung. Die jetzt noch gefrorenen Permafrostböden des Nordens etwa, eisfrei werdende Sumpfregionen oder auch andere eisbedeckte Gebiete, tauen auf. In Sibirien beginnt dies schon. Diese erwärmten Böden entlassen gespeichertes Methan. Dies verstärkt den Treibhauseffekt. Besonders Grönlands schmelzendes Festlandeis wäre gefährlich. Dieser Kippunkt liegt bei etwa 1,6 Grad Zunahme. Messungen in 2020 und 2021 haben dort schon starkes Schmelzen festgestellt. Im August 2021 regnete es erstmals auf Grönlands höchstem Berg mit 3.694 m. Insbesondere höhlt das wärmer gewordene Meerwasser riesige Überhänge von unten aus. Diese Abbrüche beschleunigen das Schmelzen insgesamt und verringern die Speicherwirkung. Doch das soll kein Schade nicht sein, sagen die cleveren Wirtschaftler: Verkaufen wir dieses gute Trinkwasser einfach da, wo es fehlt. Eine nachhaltige Geschäftsidee? Auch das Eis an den Polen schmilzt. Alle diese spiegelnden Kältespeicher würden dann fehlen, keine Sonnenstrahlen mehr reflektieren. Auch der sich erwärmende Meeresboden kann Treibhausgase emittieren. Die vollständig abgeschmolzenen Eispanzer würden das Meer um viele Meter steigen lassen. Das Eis am Nordpol liefert allerdings kaum Beitrag, denn es schwimmt. Auch der Golfstrom im nördlichen Atlantik beispielsweise kann kippen. Er pumpt warmes Wasser, ähnlich wie andere Ströme im Pazifik. Es strömt nach Norden. Seine Wirkung ist jetzt schon um 15 % abgeschwächt. Fiele er aus, würde dort kein Tiefenwasser mehr ausgetauscht. Den heute klimaschädigenden Europäern allerdings würde ein abschwächender Golfstrom etwas Abkühlung bescheren. Alle Meere würden ohne Umwälzung wärmer und saurer, was ganz nebenbei auch Schalentiere schädigt. Welche Aufwärmkraft die Weltmeere mit sich bringen würden, können wir kaum überzeichnen. Sie erzeugen einen Schwingeffekt. Erst brauchen sie länger als die Kontinente, um sich zu erwärmen. Später geben sie länger Wärme ab, also im Nachlauf überproportional verstärkend, auch wenn sich die Erdmassen schon abkühlen würden. Aktivieren wir gar mehrere Kippelemente, multiplizieren sich ihre Wirkungen. Eine Eigendynamik entwickelt sich. | [52 53 54 63 102 128 135]

Im Hintergrund schwelt da eine schleichende Gefahr. Wir können noch lange so tun, als bemerkten wir ihre Zeichen nicht. Wir können uns weiterhin in unseren *chatrooms* verkriechen, uns unsere eigene Wirklichkeit zurechtdenken, unserer Handlungskraft unterordnen. Aber die Wirklichkeit findet statt, mit voller Konsequenz. Vernünftige deuten die vereinzelten Zeichen zwar und versuchen, die Erwärmung einzufangen. Sie beginnen damit, die gröbsten Auswüchse technisch und monetär zu bekämpfen, den Verbrauch zu dämpfen, zu beschränken. Der große Rest jedoch führt sein komfortables, digitales und für modern gehaltenes Leben weiter. Das wird wohl nicht genügen. Alle sollten ihr Verbrauchsverhalten sehr schnell ändern, also in der knappen Zeit von wenigen Jahren. Sonst wird sich auch unsere Erde selbst am Aufheizen beteiligen, ob wir wollen oder nicht. Eine Lawine wäre losgetreten, deren Wirkung wir kaum einschätzen können. Und tatsächlich tippen wir heute schon an diese Kippelemente. Die wirklich kritische Temperatur, welche diese auslöst, so unscharf sie auch bestimmbar ist, diesen *point of no return*, erreichen wir wohl bald. Stoppen wir unser aufheizendes Handeln nicht sehr schnell, begänne dieser Schädigungsprozess unser Ökosystem zusätzliche zu zerstören. Aber es würde nicht sein wie bei bisherigen Naturkatastrophen oder Kriegen. Selbst nach solch desolaten Desastern keimte irgendwann wieder Hoffnung auf. Neu motiviert machten sich alle Übriggebliebenen an den Wiederaufbau, überzeugt von ihrer Gestaltungskraft. Doch heute kann es nicht mehr zu neuen Verbrauchsufern gehen. Wir können allenfalls unseren zerstörenden Verbrauch optimieren. Wenn aber die Kippeffekte erst einmal wirken, funktioniert ein Ärmel hochkrempelnder Wiederaufbau, ein Wiedergutmachen, nicht mehr. Aufheizung, Klimaschädigung und Naturzerstörung können dann nicht mehr aufgehalten werden. Denn die Natur kennt kein *reset*. Wir müssen daher sofort handeln und wir müssen international handeln. | [134]

Was bedeutet dieses Szenario für uns Menschen, für unsere Zukunft? Seit wir zu Menschen wurden wechselten sich Warm- und

Kaltzeiten in langen Schwüngen ab. Es war dabei aber nie wärmer als 2,5 °C über der Mitteltemperatur. Der schlaue *homo sapiens* konnte sich anpassen, mit der letzten Kaltzeit beginnend. Die Mitteltemperatur der Erde lag da etwa 5 °C tiefer und steigerte sich langsam auf die heutige Temperatur. Damals lebten nur kleine Gruppen weltweit verstreut. Heute haben wir Vielen uns an ein relativ stabiles Klima gewöhnt. Ja wir sind in unseren Lebensformen von seiner Stabilität abhängig. Das gilt in ähnlicher Weise auch für Tiere und die Vegetation. Das macht uns anfällig. Die Cleveren in den Industrieländern der gemäßigten Zonen würden sich sicher längere Zeit anpassen können. Denn sie könnten sich technisch schützen, ihr Komfortleben halbwegs weiterführen. Die Menschen der dürrebedrohten Gebiete aber spüren den Wassermangel schon, müssen den Rückgang ihrer Anbauflächen mitansehen. Immer mehr machen sich auf den Weg in den Norden. Auseinandersetzungen und Abwehrkriege werden wahrscheinlich. Der Mangel an Wasser und Nahrung und die Auseinandersetzungen um den Raum zum Leben würden die Menschheit *à la longue* oder dauerhaft sicher verkleinern. Könnte sich dieser Rest an höhere Temperaturen und neue Umweltbedingungen anpassen? Menschen leben heute schon in vielen verschiedenen Klimaten. Etwas mehr Wärme halten wir aus. Doch der Mangel an Süßwasser wird entscheiden. Unser weiterer Weg hängt davon ab, wie schnell und wie stark sich die Atmosphäre schlussendlich erwärmt. Und er hängt davon ab, wieviel Artensubstanz wir, ob all unserer Technik, dem Naturprozess bis dahin genommen haben. Könnte es in letzter Konsequenz bewirken, dass die Besitzkultur, ja unsere ganze Lebensart, die sich immer mehr differenziert und in *lifestyle*-Gruppen auflöst, fragil und anfällig geworden, wie ein Kartenhaus in sich zusammenfällt?

Vernünftige haben sich im Pariser Klimaabkommen von 2015 und dem Regelwerk nachfolgender Vereinbarungen dazu bekannt, den Anstieg der Welttemperatur auf deutlich unter 2 Grad zu begrenzen. Ein politisches Maß. Als Basis gilt die Durchschnittstemperatur der vorindustriellen Zeit, also vor 1850. Vereinbart wurde deshalb ein Weniger an ausgestoßenem Kohlendioxid. Die ebenso wichtigen Treibhausgase Methan und Lachgas blieben ungeregelt. Was die genaue Wirkung dieser Treibhausgase auf die Temperaturentwicklung angeht ist unser Wissen noch lückenhaft. Wirkungen sind jedoch nachweisbar. Jedem der 196 ganz unterschiedlich geführten Staaten war es anheimgestellt, zu welcher Zeit und wie sie die gemeinsamen Ziele erreichen wollen. Leitidee einiger sich modern gebender, aber besonders viel emittierender Staaten ist, die verbrauchte fossile Energie zu 70 % bis 2050 durch erneuerbare Formen zu ersetzen. In diesem Abkommen ist allerdings nichts vereinbart zur Naturzerstörung, zum Artensterben, zum Ressourcenverbrauch oder zur Vermüllung der Erde. Sind doch Erdaufheizung und Naturzerstörung ähnlich wichtige Auslöser des Artensterbens.

Trotz aller politischen Absichtserklärungen steigern wir unsere Schädigung in Geschwindigkeit und Intensität. Uneingeschränkt wird für eine weiterhin steigende Nachfrage produziert. Immer mehr Menschen verbrauchen immer mehr und Schädlicheres. Beispiellos. Hier sind die Staaten des Westens vorneweg. Absolut ist jedoch China mit großem Abstand der größte Energieverbraucher weltweit. Die USA mit rund der Hälfte von Chinas Verbrauch und die europäische Union nehmen jeweils die nächsten Plätze bei den Klimasündern ein. Diese drei Schädiger zusammen heizen mit über der Hälfte der Treibhausgase unsere Erde kräftig auf. Zusätzlich verarmt ihre Warenproduktion die Natur. Tatsächlich hat die Welt 2018 insgesamt 55,3 Gigatonnen CO_2 emittiert, die anderen Klimagase kommen oben drauf. Das sind 7,5 Tonnen CO_2 für jede und jeden von uns innerhalb eines Jahres. Dieser Verbrauch steigt ungebremst. | [38 103 126]

Einige Großschädiger fangen zaghaft an umzubauen. Doch deren Anstrengungen scheinen wirkungslos, steigen doch alle Indikatoren weiter an. Unsere Innovationskraft verpufft. Wir Betroffenen reagieren ja auf die zuletzt über uns hereinbrechende Informationsflut. Einerseits sind es Wetterkatastrophen und andererseits wissenschaftliche Warnungen in allen denkbaren Spielarten. Wir relativieren die Schädigungen. Wir lamentieren mit dem Schicksal. Wir schieben tatsächliche Unwissenheit vor. Wir halten am verdienten Komfort ignorant fest. Oder wir verhalten uns tatsächlich und vehement nachhaltig. Ernsthaft und grundsätzlich gibt es wohl nur zwei Handlungsstränge: Deutlich weniger Menschen oder/und deutlich weniger Schädigung. Geburtenkontrolle hilft nur langfristig. Oder will jemand ernsthaft Hand an die Weltbevölkerung legen? Doch wer weiß schon, was Waffenentwickler, Hersteller und deren Kunden so denken? Ist nicht das einzig Realistische, daß wir unsere Schädigungen rigoros abbauen? | 56

Tatsächlich aufgerüttelte Industriestaaten sehen ihre Verantwortung. Ihr Allheilmittel, die Aufheizung der Atmosphäre zu stoppen, ist fossile Energie durch Strom aus Sonne und Wind zu ersetzen. Es ist schon ein bestechender Ansatz, unsere kreative Stärke auszuspielen und das Klima mit neuer Umwelttechnik zu stabilisieren. Alle Energie, ohne die unser Komforthandeln nicht auskommt, wird einfach CO_2-frei erzeugt! Auch immer mehr Digitaltechnik wird energieeffizient eingesetzt. Dies erlaubt, uns immer dichter zu vernetzen und zu automatisieren. Das Wirtschaftsprimat und die Industrieausrichtung können aufrecht erhalten werden, alle in Arbeit bleiben und alle sich ihre Geburtenwünsche erfüllen. Wir könnten also weiter unbeschwert und komfortabel leben. Wäre das unser Königsweg, das Aufheizen elegant technisch zu beenden?

Die teilweise noch zu erfindenden Innovationen entstehen meist durch Kenntnissprung. Sie sind oft nicht abschätzbar, schaffen fast immer komplexere Zusammenhänge. Wir erschließen damit immer mehr Lebensbereiche. Neues zu erfinden braucht allerdings Zeit, die bei unserer Aufheizung immer knapper wird. Besonders Innovationen bei der Energieeffizienz und den alternativen Verbrauchsformen sind unsere Hoffnung. Deren Bereitstellung, Vernetzung und Steuerung verschlingt allerdings zunehmend mehr Ressourcen, auch umweltschädliche. Es zeigen sich auch bisher noch nicht bedachte Wirkungen. Das sind etwa die notwendigen Produktionsflächen. Es ist die räumliche Verteilung der Energie. Aber genauso entscheidend ist die Entsorgung und Wiederaufbereitung der zusätzlich notwendigen Ressourcen der neuen Energieprodukte. Das gilt um so mehr, da erneuerbare Energieformen dann auch industrielle Größenordnungen bedienen müssen.

Viele Innovationen zur Umstellung des Energieverbrauchs auf erneuerbare Formen zielen auf die Mobilität zu Land, zu Wasser und in der Luft. Transport ist ein wesentlicher Wirtschaftsmotor. Bewährte Techniken werden wiederentdeckt, neue entwickelt und eingeführt. Wollen wir eine wirklich nachhaltige Mobilität, ist die Grundvoraussetzung, jeweils zu prüfen, ob die nachgefragte Mobilität überhaupt notwendig ist. Erst wenn diese notwendig ist, sollte zusätzlich gefragt werden, wie dies gebündelt und gesteuert werden kann. Da dürften Transporte in Luft und Wasser nicht mehr von wirtschaftlichen Gewinnabsichten bestimmt werden. Tun sich doch Flugzeuge und Schiffe schwer damit, ökologisch zu transportieren. Dies gilt für ihre schädigenden Antriebe genauso wie für das Kondenswasser in der Luft. Terrestrische Mobilität dagegen ist leichter steuerbar. Sie lässt sich netzgesteuert zielgenau verallgemeinern. Denn tatsächlich modern und ökologisch sind reduzierte, öffentlich verfügbare und verdichtet genutzte Mobilitätskonzepte. Mobilität und besonders die individuelle verbraucht viel Energie. Auch wenn alternativ angetrieben wird, scheint das Privatauto ein Vergangenheitsideal. Wirklich umweltkonsequent wäre, nur noch öffentlich unterwegs zu sein.

Auch werden Verfahren erforscht, die unser produziertes CO_2 direkt angreifen. Kohlenstoff soll aus Kohlenstoffdioxid extrahiert und so unschädlich gemacht werden. Oder wir pressen CO_2 einfach unter die Erde. Geniestreiche? Ob und zu welchen Bedingungen dies alles gelingt, steht in den Sternen. Ob überhaupt und wann ist dies in nennenswertem Ausmaß industriell und zumindest schädigungsarm möglich? Und wir werden weiter forschen, zukünftig sicher mehr können. Ist da aber nicht der Spatz in der Hand, nämlich das Drosseln unserer Schädigung jetzt, nicht doch besser als die Taube auf dem Dach, die unsichere technische Lösung morgen?

Eines der neuen, hoffnungsvollen Stichworte ist die Künstliche Intelligenz, KI genannt. Verbunden mit hochschnellem Internet soll alles Technische komfortabel gesteuert und automatisiert werden. Dies erscheint derzeit wie der Glaube an eine aufwandsfreie Lebensführung. Aus zu sammelnden, immensen Datenmengen lassen sich Erkenntnisse herauslesen. Aus diesem immer retrospektiven Wissen, eigentlich schon bekannte Daten, ist sicher auch ganz neues, automatisch gesteuertes Handeln ableitbar. Auch sind ganz neue Abläufe, Vernetzungen mit zentralen, effektiven Steuerungen denkbar. Kombiniert mit klugen Vorgaben lässt sich auch zum Klimaschutz optimieren. Beispielsweise könnte KI die Mobilität optimal gebündelt bereitstellen und damit den Energieaufwand reduzieren helfen. Öffentliche Mobilität als neues Konzept könnte Verkehre optimieren und so Massen von Individuallösungen vermeiden. Das männliche

Statussymbol *eigenes Auto* wäre damit *out*. Ist es aber nicht. Denn tatsächlich transformieren wir das individuelle Autokonzept ins angeblich umweltschonende e-Auto. Das wird dann mit alles steuernder Elektronik und frontscheibenbreitem *informationscreen* attraktiver. Superrechner, über ein Netz von Satelliten verbunden, übernehmen das Lenkrad. Wird all diese dann zusätzlich notwendige Energie nachhaltig sein?

KI verspricht mehr Komfort, dass alles fernsteuerbar wird, anstrengungsarm. Vordergründig soll KI uns befähigen, vernetzte Roboter für uns produzieren, Automaten für uns arbeiten zu lassen. Unser Leben würde planbarer und steuerbarer. Beispielsweise hilft bildverarbeitende Intelligenz in der Medizin Krankheiten besser zu diagnostizieren. Mit KI setzt auch die Wirtschaft auf optimierte Abläufe und einen höheren Automatisierungsgrad, der noch mehr Produktivität verspricht. Wunschziele sind günstigere, in höherer Stückzahl verkäufliche Produkte, steigende Gewinne. Vordenker streben gar ein vollautomatisch gesteuertes Leben an. Allerdings bedeutet dies immer energieintensivere Produktion bei knapper werdenden Grundstoffen. Dies kann zu Engpässen, aber auch zu weiteren Umweltschädigungen führen.

Wirkliche Intelligenz aber ist Voraussicht, sind Gedankensprünge. Ganz neue Strategien und noch unbekannte Lösungsansätze erwachsen daraus. Unser Klimaproblem verlangt nach solchen grundsätzlich neuen Lösungen. Da könnte das Internet mit seinem Teilaspekt der Schwarmintelligenz eine kreative KI-Ergänzung oder gar ein Ersatz sein. Immerhin sind neue, vorausschauende Anregungen zu effektiverem Handeln möglich. Weltweiter Diskurs könnte sinnvolle ökologische Vermeidungsstrategien entwickeln. Hilft uns ein kognitiver Verstand qualifiziert nachhaltig zu werden? Oder reduziert eine automatisierende KI allein den ansteigenden Verbrauch der Ressourcen? Schafft KI eine umweltverträgliche Produktion? Könnte eine emotionslose KI allein unser Handeln nachhaltig optimieren? Könnte eine KI allein unsere Klimaschädigung und Umweltzerstörung reduzieren?

Es gibt aber auch die Kehrseite der Medaille Künstliche Intelligenz. Wir können anfälliger, verwundbarer und erpressbarer werden. Anfälliger werden wir etwa durch Sabotage, Informations- und Datendiebstahl. Sabotierende Hacker können alles anonym Vernetzte aushebeln, ganze Industrieabläufe, ganze Versorgungsstränge lahm legen. Es geht um zu erpressendes Geld, aber auch um einen neuartigen Nationenkrieg, heutige Folge von Kapitalismus und Männermacht ergo Egoismus und Machtpolitik. Erpressbar wird man auch durch technologische Abhängigkeit. Ein viel diskutiertes Beispiel dafür ist der Zukauf wesentlicher Sicherheitskomponenten. Könnte ein technisch führender Zulieferer dies ausnutzen mit überwachenden und spionierenden Trojanern?

Durch KI könnten wir alle abhängig, unselbständig, schwach, aber auch durchsichtig und vorbestimmbar werden. Wir alle legen permanent eine persönliche Datenspur. Kommunikation, Programmnutzung und unsere Sozialkontakte bieten wir einem global verbreitenden Internet. Kombiniert mit intelligenter elektronischer Bildüberwachung, allgegenwärtig und überall beobachtend und auswertend, werden wir Menschen gläsern. China ist hier technologisch führend und schon dabei, seine Bürgerinnen mit einer Skala verdienter und verwirkter Verhaltenspunkte zu Staatsmarionetten zu machen. Gegenüber den frühen mosaischen Gesetzestafeln ist das eine Lenkung völlig anderer Dimension. Lenkung total, wunschgemäß getrimmtes KI der Lenkungsabsicht! Dies wird aber, wenn es kombiniert mit komfortabler Alltagssteuerung und Komfort daherkommt, von vielen anerkannt! Ist dieser immense technische und energetische Aufwand etwa natur- und klimaschonend? Das liberale Kapital des Westen schaut begierig nach China, will schnell technologisch aufholen. Einmal etabliert, würde uns ein möglicher Ausfall dieser bald allumfassend regelnden Rundumsteuerung empfindlich treffen. Kann dann ein krimineller Datenklau, eine Datenmanipulation, oder umstürzlerisch durch Ziehen des existenziellen elektrischen Steckers, eine ganze Gesellschaft einfach lahm gelegt werden? Andererseits, können wir die so überwachten Menschen auf diesem Weg zu klima- und naturschonendem Verhalten zwingen? Doch wer setzt die Standards, wer überwacht, wer kontrolliert?

Technik kann uns durchaus helfen. Innovativ umweltschonend, hilfreich im Alltag, in der Industrie genauso wie beim Einsatz in der Landwirtschaft. Allem voran gilt das für Wasser-, Solar- und Windkraft, aber auch für jede andere Umwelttechnik. Kreative, Umwelt und Ressourcen schonende optimale Steuerung technischer Abläufe kommt hinzu. In diesen Disziplinen wächst unser Wissen und Können dynamisch und immer schneller. Diese neuen und effektiven Energieformen sind wesentliche Bausteine beim Klimaschutz. Erneuerbare Energie soll irgendwann alle fossile ersetzen. Doch Wind und Sonne liefern bisher nur temporär und zufällig Strom. Der Wind weht nicht ständig, aber erfreulicherweise über den Tag verteilt. Die Sonne dagegen scheint, wenn ja, an einem Ort nur tagsüber und jahreszeitlich schwankend. Einerseits entsteht Überproduktion die es zu steuern gilt. Andererseits muss für die Spitzen in den Verbräuchen und über die Tageszeiten hinweg, bei regionaler Unterversorgung und auch bei Lieferausfällen ausreichende Ersatzenergie bereitgehalten werden. Zusätzlich steigen die Steuerungs-, Sicherungs- und Verteilungsanforderungen rasant an, wenn wir immer mehr auf die elektrische Energieform setzten. Solch einseitige Energieversorgung kann auch sabotiert und lahm gelegt werden. Doch können zum Spitzenabbau Überschüsse auch gespeichert werden. So wird Wasser als potentielle Energie in Wasserspeicher gepumpt. Auch galvanische Zellen können elektrische Energie speichern. Solche stationären, regional verteilten Batterien können Strom dezentral bereithalten. Elektrospeicher aber sind rar und alles andere als nachhaltig. Bisher brauchen sie notwendigerweise Materialien, die selten in direkt abbaubarer Form vorliegen und teilweise gesundheitsgefährlich sind. Als *backup* haben wir bisher wohl nur die fossile Energie. Daher werden weitere technische und chemische Lösungen diskutiert. So wird der durch Elektrolyse aus Wasser gewinnbare Wasserstoff als Alternative gepriesen. Bei Bedarf kann diese gespeicherte Energie wieder abgerufen, Verbrauchsspitzen können ausgeglichen werden. Doch würde dieser Energielieferant für seine Erzeugung erheblich zusätzlichen Strom verbrauchen. Und wieder würde Land brachgelegt und Ressourcen benötigt.

Auch die Beispiele Privatauto und sonstige Mobilität können Bedingungen der Nachhaltigkeit deutlich machen. Produziert werden sollten Autos nur, wenn die dafür notwendige nachhaltige Energie bereitgestellt ist. Und das nur, wenn noch nicht für alle vernetzte Mobilität verfügbar ist. Neben der Energieerzeugung müsste selbstverständlich auch Entwicklung, Herstellung, Mobilitätsinfrastruktur und Entsorgung der Fahrzeuge tatsächlich umweltfreundlich sein. Viele meinen, all das erfüllt die elektrische Mobilität. Ihr idealerweise nachhaltig erzeugter Antriebsstrom muss in umweltschädlichen Batterien mitgeführt werden. Schon dabei gehen rund 20 % des erzeugten Stroms verloren. Zusätzlich werden Autos angeboten, deren Karosserien mit Solarzellen bepflastert sind. Dies soll an Sommertagen ein paar Kilometer mehr Laufleistung bringen, amortisiert nach 8 -10 Jahren! Auch regenerativ erzeugte Kraftstoffe aus überschüssigem Wind und Sonne werden favorisiert. Das sind etwa der elektrolytisch abgespaltene Wasserstoff. Für das Gas notwendige schwere Druckbehälter erhöhen das Transportgewicht bei aller Mobilität, zu Lande genauso, entscheidender aber, wie in der Luft. Wasser und zusätzliches Kohlendioxid aus der Luft oder aus Biomasse können zu synthetischen Kraftstoffen weiterverarbeitet werden, sogenannten *e-fuels*. Deren Herstellungsprozess kostet aber bis zu 90 % der ohnehin raren regenerativen Energie. Und Biomasse bedeutet zusätzliche Landwirtschaft mit erweiterterer Schädigung. Besonders kritisch dabei ist die Verwendung von Palmöl. Es verdrängt riesige Urwaldflächen etwa auf den indonesischen Inseln. Doch viele wollen ihren alten Verbrenner als Individualauto retten, aber auch ihre sonstige Mobilität nicht beschränken. Und damit Arbeitsplätze erhalten. Für den Schwerverkehr, die Schiffahrt und den Flugverkehr scheinen solche synthetischen Kraftstoffe die einzig nachhaltigen Mittel zu sein. Nachhaltig genannte Energie mit all ihrer Produktionsinfrastruktur ist nicht *nur* klima- und naturfreundlich. Wir müssen zur Kenntnis nehmen, dass nicht beliebig viel Energie zur Verfügung steht. Daher sollte alles, soweit unvermeidlich, sehr bewusst eingesetzt werden. Retten denn Abermillionen Individuen das Klima, wenn sie neu mit Batterie oder synthetisch betankt fahren oder fliegen und so das bisher genutzte Erdöl mit noch mehr Energieaufwand ersetzen wollen?

Doch wichtig ist, wie auch sonst, das Schonende nicht vom Profit verwässern zu lassen. Denn mehr Technik bedeutet oft mehr industrielle Aktivität, mehr Umwandlung von Stoffen in neue, komplexere Produkte. Diese Möglichkeiten eröffnen häufig erweiterten Komfort, der den Markt wiederum belebt. Nachhaltig wirkende Technik und deren Ersparnis an fossiler Energie und Ressourcen relativieren sich dann. Wie virulent der Markt tatsächlich ist, zeigt auch die Elektromobilität. Kaum wird darüber geredet, flitzen bereits neu kreierte Fahrräder, Pendelroller, Stehroller und alle denkbaren Rollbretter ebenso elektrisch über die Straßen und Wege. Ist dies das nachhaltige *downsizing* angeblich unvermeidbarer Mobilität? Oder bringen mehr Geräte, mehr Batterien und Elektromotoren nur mehr Geld ein?

Außerdem führt das immer größeren Nutzen schaffende Aufwerten von Produkten zu immer schnelleren Ersatzzyklen, zu komplexerer Ausstattung. Genauso erfordern Fortschritte meist einen immer größeren Aufwand an Ressourcen. Oft werden auch mehr giftige Ressourcen verwendet. Wir müssen daher immer die Wirkung auf das Gesamtsystem Erde mit bedenken. Das gilt fürs Herstellen genauso wie fürs Steuern, Nutzen, eine eventuelle Wiederverwendung und das Landen auf dem Müll. Und alles, aber auch wirklich alles, landet schlussendlich dort. Und nicht für alles gibt es Aasfresser.

Wir ersetzen vergleichsweise einfach zu beschaffende fossile Energie durch CO_2-freie, aber technisch aufwändiger zu erzeugende. Dafür produzieren wir immer mehr technisch ausgefeilte Automaten und brauchen sie in immer größeren Stückzahlen. Denn immer mehr Menschen wollen immer mehr und immer komplexere Produkte. In sie stecken wir immer mehr Energie, die zusätzlich erzeugt werden muss. All das verbraucht mehr Landflächen, mehr seltene Ressourcen, mehr Natur. Lässt sich so unser zukünftiger Energiehunger tatsächlich stillen? Mutet dies nicht an wie die alte Geschichte vom Wasser in Wein verwandeln?Kann das dauerhaft tragfähig sein?

Manche liebäugeln immer noch mit der Bindungsenergie der Atome. Die Spaltung vielatomigen Urans etwa setzt Energie frei. Dies ist aber dauerhaft schädigend und riskant. Zusätzlich ist Uran nur beschränkt verfügbar. Es ist tatsächlich kein Ersatz fossiler Energie. Auch die Fusion einatomigen Wasserstoffs, der beliebig verfügbar ist, würde Energie freisetzen. Sonnenheißes Heliumplasma könnte dessen Atome verschmelzen. 70 % der für die Zündungstemperatur notwendigen Energie konnte bereits aufgebaut werden. Doch welcher Behälter hält solche Temperaturen aus? Forscher spekulieren mit ersten nutzbaren Reaktoren in Dekaden. Wäre das der Klimajoker in einer dann schon ziemlich zerzausten Welt? Energie, wenn sie überhaupt technisch realisierbar wird, für eine Natur die dann schon entscheidend geschädigt ist? *Perpetuum mobile* oder das Pfeifen im Wald? | [136]

Damit technische Lösungen ihren Beitrag zum Umwelt- und Klimaschutz tatsächlich leisten können, wird positiv motiviert. Das lange eingeübte Mittel ist oft finanzieller Anreiz. Nachhaltiges Verhalten soll belohnt werden, Schädigung soll kosten. Dies müsse genügend Anreiz sein, Schädigung einzudämmen. Es würde auch anspornen, neue umweltschonende technische Lösungen zu finden. Dabei sind doch die Reichen, die Entwickelten der Welt die eigentlichen Schädiger. Die größten 6 Nationen emittieren etwa 60 % des gesamten CO_2, stellen aber nur 46 % der Weltbevölkerung. Die nächsten 16 Länder verbrauchen nur weitere 16 %. Der Komfort aber lockt auch viele Ärmere, macht sie zu Nacheiferern. Da der Besitz in den Industriestaaten und erst recht in der Gesamtwelt sehr unterschiedlich verteilt ist, wird Geld allein die Welttemperatur kaum senken. Vergessen wir bei all dem technologischen Aufwand, so abwegig dies auch erscheint, dass die gehaltvolle Ernährung unseres komfortablen Lebens ebenso aufheizt? Grund dafür ist unser massenhafter Verbrauch und eine dazu industriell aufgerüstete Landwirtschaft. Dies schließt auch Gentechnologie und Chemieeinsatz ein. Den damit versprochenen Mehrertrag ergänzen kundenattraktiv veredelte Produkte. Das führt zu immer größer werdenden Landbrachen durch Monokulturen.

Welche Mittel, welche Maßnahmen, welche Handlungen brauchen wir vermutlich und wieviele davon sind nötig, um unser Überlebensziel zu sichern? Für viele gilt: ohne fossile Energie, aber mit Sonne, Wind, verbesserter und integrierter Technik und neu zu Erfindendem stabilisieren wir das Klima und gewinnen so die Zukunft. Wenn aber aller nachhaltig-technischer Mehraufwand und seine notwendige Infrastruktur nicht ausreichen oder zu spät kommen? Wenn wir nicht die Energie-Verbrauchsschraube zurückdrehen wollen? Alle Versuche zur Anpassung unserer Lebensart und eines Naturumbaus sind riskant und können folgenreicher sein als unser Verbrauchsverhalten zu drosseln. Denn was wird, wenn eine reduzierte, denaturierte Erde dies nicht mehr erträgt? Wenn es trotzdem immer wärmer wird? Wenn die Erde dann weniger Menschen ernährt? Klimaaktivisten setzen am Verbrauchsdenken der Industrieländer an und fordern Verzicht. Reich und arm streiten kontrovers, haben zur Klimakrise und der Schadensabwehr unterschiedlichste Meinungen. Doch wir alle kennen die zukünftigen Wirkungen nur ungenau, können sie nicht im Einzelnen nachweisen. Durch mehr Aktivität und technischen Aufwand steigt der Ausstoß von Klimagasen in die Atmosphäre unterdessen immer schneller an. Reicht die bisher angedachte CO_2-Reduktion überhaupt aus? Kann jedes Mitglied unserer traditionellen Staatenordnung weiterhin nach Gutdünken handeln? Oder müssen wir uns gar fragen, welches neue Handeln, welche neuen Gesellschaftsformen sind notwendig, um Klima und Natur dauerhaft Leben ermöglichend zu erhalten? Oder welche neuen Handlungsordnungen müssen sein?

Wie verwoben unsere Welt tatsächlich schon ist, zeigte der Ausbruch der pandemischen Seuche Coronavirus Disease 2019, kurz Covid-19. Das auslösende Coronavirus SARS-CoV-2, das einen Erstickungstod auslösen kann, kam völlig unerwartet. Tatsächlich aber ist es nur eine weitere Facette unserer Schädigung von Klima und Natur. Denn Gründe für das Entstehen von Seuchen liefern wir Menschen wohl selbst. Wir drängen die eh von uns schon dezimierte Natur immer mehr in die Enge, verbrauchen sie für unseren Komfort nach Gutdünken. Unsere überquellende Nutztierhaltung einerseits und der schwindende Ausgleich durch dezimierte Artenvielfalt andererseits tun ein Übriges. Immer mehr Menschen handeln und essen exotische, oft lebende Tiere. Mit der wärmer werdenden Erde breiten sich Überträger von Krankheiten, wie etwa Stechmücken, weiter in den dicht besiedelten Norden aus. Auch auftauende Permafrostböden werden vorzeiten eingefrorene Erreger vermehrt freigeben. Der gestresste Naturprozess wehrt sich und findet seine eigenen Mechanismen, eigenen Ventile. SARS oder Ebola sind solche Zoonosen genanten Seuchen. Von Tieren auf Menschen übertragene Krankheitserreger. Weitere werden wahrscheinlich folgen. Covid-19 entstand wahrscheinlich ebenso. Aber wir forschen auch verstärkt mit exotischen Viren, was auch Laborunfälle wahrscheinlich macht, die Seuchen auslösen.

Gleichsam wie im Zeitraffer ablaufend, kann uns Covid-19 auch wertvolle Denkanstöße für die noch im Hintergrund schwelende Klimakrise geben. Auch wenn dies vorübergeht und geradezu harmlos ist gegenüber einem dauerhaft veränderten Klima. Unsere globale Welt wurde auf eine Probe gestellt, auch die westliche Freiheitskultur. Die Seuchenerreger verbreiteten sich, wohl von China ausgehend, rund um die Erde. Und pandemisch wurde das Virus durch explosionsartigen Export: sehr dicht siedelnde Milliarden, internationaler Handel, weltweit verwobene Industriefertigung, geschäftlich oder für ihr Vergnügen Reisende. Insofern ist Covid-19 unser Zutun, unsere Globalität, unser Naturbedrängen! Aber um einzuordnen: auch das viel größere, bleibende Problem, die Erwärmung des Weltklimas ist unser Zutun!

Nach einer beängstigenden Zahl von Corona-Toten in einigen Ländern setzte Aktionismus ein. Der zeigte klar, dass wir auf eine unmittelbare Gefährdung durchaus reagieren. Die getroffenen Maßnahmen waren jedoch nicht immer rational. Einige leugneten, einige beschwichtigten, individuell abschottendes Verhalten würde schon helfen, nicht betroffen zu werden. Andere bangten ob der Lebensgefahr. International ausgerichtete Industriestaaten schotteten sich daher in einer ersten Welle reflexartig, fast panisch gegen einander ab. In der Folge rissen die Produktketten einer international ausgelegten und vernetzten Warenfertigung. Genauso ausgesperrt wurden die vielen saisonalen und nach Bedarf verdingten Arbeitsmigranten, die den Komfort der reichen Staaten mit antreiben. Dies erzwang eine sofortige und deutliche weltweite Reduktion industrieller Tätigkeit. Die Weltwirtschaft stockte, allerdings nur für kurze Zeit. Die Lebensmittelversorgung allerdings konnten die Staaten der ersten Welt aufrecht erhalten. Auch durfte der milliardenschwere Sportmarkt sein Publikum bei Laune halten. Menschen der armen Weltregionen dagegen hungerten. Die Sperre verursachte Arbeitslosigkeit und vernichtete wirtschaftliche Existenzen. Doch die resultierende Wirtschaftsdelle wurde zum nachhaltigen Experimentierfeld: Ein nennenswerter Rückgang des Ausstosses von Treibhausgasen war tatsächlich meßbar! Zeigt dieses starke Drosseln unseres schädigenden Verbrauchshandelns die richtungsweisende Antwort zur Klimakrise? | [9 113]

Welche Lösungsstrategien gab es?

Eine Durchseuchung, eine natürliche Immunisierung der Bevölkerung, wurde etwa von Schweden vorgeschlagen. Ein langer und verlustreicher Weg, dessen Ende unsicher war. Im Widerspruch dazu sollte man dort dennoch vernünftigerweise Kontakte vermeiden, jedoch freiwillig. Bei ignoranten Staaten handelte die Seuche selbst. Das freie Laufenlassen der Seuchenausbreitung hat natürlich ausgelesen, viele Tote zur Folge gehabt. Doch in einer global vernetzten Welt ist lokale Herdenimmunität kaum erreichbar. Denn Wellen von Erregern und Mutanten fluten periodisch um die Welt. Endgültig immun werden bei solch einem anpassungsfähigen Erreger nur alle und das nur weltweit gemeinsam. Übrig bleiben dann aber nur die Robusten. Brasilien und Indien ignorierten einfach die Gesundheitsgefahr oder leugneten sie, tischten fantastische, verharmlosende Geschichten auf. Dafür mussten sie einen hohen Totenzoll zahlen. Die Menschen waren wider besseres Wissen schuldhaft unsolidarisch. Verdrängen ist ja auch bei Krankheiten ein menschlicher Dauerbrenner!

Andere Staaten dagegen setzten auf rigorose Abschottung, auf Zwang. Das Virus sollte ausgetrocknet werden. Ein einschneidender Weg mit frühem Ende. China, Neuseeland und Taiwan beispielsweise verordneten den abschottenden Zwang. Sie überwachten einerseits mit strenger Quarantäne ihr Land. Jeder Ausbruch wurde konsequent verfolgt. Selbst Millionenstädte kamen in Quarantäne. Andernorts ging das normale Leben weiter. Und als zweiter Baustein mussten die Grenzen abgesperrt werden. Insellagen und große, autonome Regionen hatten da entscheidende Vorteile. Dennoch Einreisewillige wurden teilweise in streng überwachte Quarantänehotels eingewiesen. Taiwan setzte dafür abmildernd, anders als etwa China, nur auf eine datentechnische Fessel mit Smartphone und GPS-Bewegungsprofil. Solch striktes Grenzregime, Kontaktverfolgung und Quarantäne, alles digital kontrolliert und streng überwacht, auch unter Anwendung von Zwang, waren der Königsweg. Hätten alle Staaten sofort mitgezogen, wäre die Pandemie schnell beendet, die Viren ausgehungert worden. Wenige Tote wären zu beklagen, die Einschränkungen für die Menschen wären extrem, aber von kurzer Dauer.

Seuchenabwehr kennt keinen demokratischen Kompromiss. Nur lokal angewandt ist sie auch nicht erfolgreich, besonders wenn unterschiedliche Gruppen unterschiedliche Methoden und unterschiedliche Mittel anwenden oder auch anwenden können. Seuchen grassieren weltweit und ihre Bekämpfung kann nur weltweit erfolgreich sein. Alles dies gilt genauso für die Klimakrise.

Als klar wurde, dass schwere und tödliche Krankheitsverläufe vorwiegend Älteren drohten, entwickelten sich gemischte, freiere Verhaltensstrategien. Aber auch die Ansteckungswege wurden besser verstanden. Jetzt berücksichtigten neue Strategien auch wirtschaftliche Notwendigkeiten, gaben eingeschränkt Freiheiten. Man versuchte ein teilweise reglementiertes, aber immer auch selbstbestimmtes Dämpfen der Ausbreitung mit temporären *lockdowns*. Eine ethisch begründete Moderation, ein behindernder Teilzwang, durchaus unterschiedlich streng, aber auch sozial unterschiedlich. Dies sollte die Versorgung der Erkrankten gewährleisten, die Wirtschaft weiterführen und trotzdem die Ausbreitung begrenzen. Doch eingeübte Lebensformen behinderten, aber auch vermeintlich Clevere fanden immer Umwege. Periodisches Abschwächen und Anschwellen der Zahl der Erkrankten und auch der Toten waren die Folge. Verantwortung für die Gemeinschaft stand persönlicher Freiheit gegenüber, Seuchenschutz stand gegen wirtschaftliche Existenz. Diese moderierte Bekämpfung der Pandemie hat die produzierende Wirtschaft kaum gebremst, wohl aber alles Soziale und Künstlerische, alles was sich um menschlichen Kontakt rankt. Wirtschaftliche Folgen milderten manche Staaten mit riesigen Staatshilfen ab. Ungerechte Verteilung und Unzufriedenheit blieben nicht aus. Die Staatsschulden müssen irgendwann getilgt werden. Und das heißt wachsenden Wirtschaftsertrag, mehr Aufwand, mehr Energieverbrauch, mehr Ressourcenverbrauch.

Doch die Wissenschaft überraschte sehr bald mit Impfstoffen, sowohl in totalitären als auch freien Staaten. Das veränderte schlagartig die wirr unterschiedlichen Quarantäneregeln. Entwickelte reiche und egoistische Staaten, etwa Israel, England und die USA, sicherten sich eine schnelle, immunisierende Durchimpfung ihrer Bevölkerung. Impfung kombiniert mit sinnvollen Hygienemaßnahmen verringerten den Totenzoll. Bald aber wurde klar, dass den reichen Geimpften Milliarden Ungeimpfter gegenüberstehen. Aber eine gewünschte Immunisierung, auch unter Zuhilfenahme von Impfstoff, kann nur weltweit erreicht werden. Denn ein vitales Virus entwickelt sich in der ungesicherten Restwelt weiter und flutet zurück. Besonders gefährlich sind *escape*-Mutanten, clevere Viren, die auch den verimpften Immunmechanismus knacken. Da wurde klar, dass in einer global gewordenen Welt nur noch weltgemeinsames Handeln Sinn macht. Daher war ein von den Privilegierten erwogener Impfstoffexport, wie es die Initiative COVAX forderte, auch ein Akt von Selbstschutz.

Auch wenn wir der Krisen überdrüssig sind: Was lernen wir aus dieser temporären Pandemie für die uns drohende, tatsächliche Menschheitsprüfung? Denn die sich aufheizende und verarmende Welt ist unsere zukünftige Wirklichkeit, die uns unausweichlich bedrängen wird. Corona war da nur eine Vorübung, sozusagen eine Generalprobe. Alarmiert hatte uns die Pandemie durch einen beklagenswerten Totenzoll. Er lag im Promillebereich der Weltbevölkerung, während unser Bevölkerungszuwachs etwa im Prozentbereich liegt. Die Lücke aber, die Klimaerwärmung und Naturzerstörung zukünftig unter uns reißen werden, wird unvergleichlich größer sein. Noch sterben wenige an Hitze, Wasser- oder Nahrungsmangel. Wir schieben's aufs immer schon chaotische Wetter. Aber es werden immer mehr getroffen und das ist bald unaufhaltsam. Die Seuche traf uns überfallartig. Im Gegensatz dazu wirken Klima und Naturverfall fortdauernd, überall und unausweichlich. Ihr sich änderndes Wirken ist zuerst kaum spürbar und das ist für unsere Psyche ganz entscheidend. Ihre Wirkungen jedoch steigern sich und treffen ausnahmslos alle in der Welt. Kein einzelner Staat kann Erwärmung und Naturverarmung im Alleingang stoppen. Irgendwann dann können wir nicht mehr korrigieren. Kein Egoist, keine noch so raffinierte und egoistisch abschottende Staatsführung, ja niemand kann sich davor einigeln, sich Vorteile verschaffen. Vor den Folgen von Trockenheit, Hitze und Artensterben kann niemand weglaufen. Denn für uns Menschen gibt es nur genau eine Erde!

Ignorieren, abschotten oder bewusst durchseuchen lassen sind bei Viren durchaus Optionen. Eine Herdenimmunität, also ein Virenanfachen zur Virenabwehr durch alle, kann erreicht werden. Das Siechen allerdings ist lange und unvermeidbar. Fachen wir dagegen das Wirtschaftswachstum weiter an und fordern wir immer mehr Komfort, werden Klima und Natur reagieren. Es wird wärmer, Land verdorrt, Meere versauern, Leben verarmt und die Erde beteiligt sich am Verfall. Und in diesem Schädigungsprozess gibt es keine individuelle Exitstrategie. Und wir allein sind dessen verantwortliche Treiber. Einmal angestoßen, wir er kaum enden! Denn für eine schadfreie Lebenswelt gibt es keinen Impfstoff. Nur wenn wir Nachhaltigkeit ernst nehmen, können wir Einfluss gewinnen. Bei Covid-19 konnte sich jeder anstrengen und individuell schützen. Ignoranten und Verweigerer aber verbreiteten das Virus trotzdem. Gegen eine Temperatur, die weiter steigt, und eine verkümmernde Natur kann sich niemand individuell schützen. Daher muss die Gemeinschaft, so sie überleben will, Verweigerer überzeugen, ja schlussendlich zwingen. Beschleunigt dies die ohnehin spürbar beginnende Dämmerung unserer wirtschaftsgeprägten Freiheitskultur? Oder beginnt eine neue, jetzt fortgeschrittene, eine entwickelte und global denkende, eine angemessen und wissensgeführt handelnde Generation?

Lassen die Entscheider alles wie bisher laufen? Oder erzeugen einzelne Staaten ein wenig nachhaltige Energie? Üben die paar Vernünftigen ein bisschen gebremsten Konsum? Oder entscheiden wir uns wieder für periodische, radikale aber lokale *lockdowns* unseres gesamten energiefressenden Komforts? Dies würde viele abschrecken, die Erwärmung zwar hinauszögern, nicht aber aufhalten. Wir werden die Fehler der Coronakrise wiederholen, wenn wir wieder die Augen verschließen. Doch wir können auch erfolgreich handeln, wenn wir die Gefahr jetzt ernst nehmen und schnell reagieren. Wir können unsere Schädigungen durchaus klug beenden. Konzepte entwickeln, die wirksam sind und sofort greifen. Hören wir auf die Wissenschaft? Verändern wir Gewohntes im Sinne der neuen Herausforderung? Welche Emittenten können wir sofort stoppen, wo brauchen wir Ersatz? Entscheidet jede und jeder Einzelne allein? Entscheiden die einzelnen Regierungen? Entscheidet die Welt und ihre Problembewussten gemeinsam? Wie gehen sie mit Klimaverweigerern um, wie mit unsolidarischen Staaten, mit aggressiven Machtblöcken? Das Durcheinander bei der Bekämpfung der Pandemie warnt uns.

Klima und Natur jedenfalls gehen ihren Weg, unbeirrt. Alles entwickelt sich weiter. Klima und Natur tun es wie *sie* es tun, aber von unseren Eingriffen bedrängt, den bisherigen und den zukünftigen.

Doch letztlich stoisch, unbeeinflussbar, endgültig. Wir haben nur die Chance, deren Bedingungen zu akzeptieren und anzunehmen. Tatsächlich sind Corona genauso wie Klimakrise und Artensterben keine Gegner, die man foppen kann. Im Vergleich zeigen sich, sicher stark vereinfacht und plakativ zusammengefasst, einige handfeste Sicherheiten. Zuallererst ist Corona eine Prüfung unserer zivilisatorischen Reife, eine Prüfung unserer individuellen Disziplin. Diese erste, wirklich weltweit synchrone Seuche, zeigte unsere Fähigkeit, Wissen konsequent umzusetzen. Klar wurde schnell, dass striktes Handeln, also Abstand zu anderen und persönlicher Virenschutz, die Pandemie bremst, ja sie verhindert hätte. Und wir waren erstmals technologisch fähig, sehr schnell Impfstoff bereit zu stellen. Wir sind also reif genug, auf unmittelbare Gefahren durchaus klug zu reagieren. Auch war uns klar, dass Sorglosigkeit, auch ausgedrückt in riesigen *events*, wie etwa von Millionen gefeierte Religionsfeste in Indien, auch Sportveranstaltungen für Massen, zu erwartbaren Ergebnissen führen, zu Krankheit und Tod. Sorglosigkeit und Vertagen auf später, oder das Verdrängen von Wissen, führte zu voraussagbaren Ergebnissen. Auch verschwindet eine Seuche nicht, wenn sich nur einzelne Gruppen in unserer unausweichlich globalen Welt impfen lassen oder Kontakten lange genug versperren. Seuchen können wir nur gemeinsam bekämpfen. Sind dies nicht auch Handlungshinweise für unsere Zukunft mit Klimaschädigung und Naturstress? Auch da würden wir alleine scheitern, wir und alle Verweigerer. Denn keine noch so bewusste einzelne Gruppe kann Klimaerwärmung und Naturverarmung stoppen, auch nicht mit den ausgefeiltesten Mitteln. Nur gemeinsam kann es gelingen. Corona hat sozial ausgegrenzt, da mangelnde Wissensakzeptanz und soziale Verdichtung in ärmeren Gruppen persönlichen Seuchenschutz für Einzelne schwierig machte. Der Klima- und Naturschutz dagegen könnte sozial zusammenführen. Dann nämlich, wenn die wirtschaftsbedingten Unterschiede abgebaut werden. Vakzine und modifizierte RNAs können wir verimpfen und Viren so in Schach halten. Für Weltaufheizung und Artensterben dagegen gibt es wohl keinen Befreiungsschlag. Unsere einzige Chance scheint, die Schädigungen, die alle mitverantworten, auch gemeinsam zu verlangsamen, bei größter Disziplin vielleicht noch anzuhalten. Aber zurückschrauben lässt sich nichts! Die Analogie Corona, Klima und Natur hat ihre Grenzen. Doch bedeutet ein Stoppen der Klimakrise möglicherweise ähnlich einschneidende Beschränkungen wie bei der Pandemie.

Auch dazu müssen wir uns gemeinsam zwingen, dürfen dabei aber nie damit aufhören. Noch erfolgt die Erwärmung schleichend, diese von uns heraufbeschworene Zukunftsgefahr. Noch kann dies umgedeutet werden, noch kann unsere Psyche die Anzeichen verharmlosen, noch können sich viele heraushalten. Auch beobachten wir die sogenannte Übersterblichkeit, also ob mehr Menschen sterben als in sonstigen Durchschnittsjahren. Da zeigt sich jetzt auch eine Sommerhäufung, die immer dominanter wird. Noch können wir den Sterbezoll ignorieren, welchen die steigende Sommerhitze fordert. Wenn aber noch mehr sterben, wäre ein Umsteuern ungewiss, vielleicht schon zu spät. Denn wenn die Kippelemente der Erwärmung erst einmal zusätzlich aufheizen, ist ein Hitzekollaps kaum noch aufzuhalten. Dann schmerzen die Wirkungen bei fortdauerndem Schadstoffausstoß und Naturabbau tatsächlich. Selbst ein daraufhin ansetzender totaler *lockdown* unseres schädigenden Verbrauchs, genauso wie jeder dann eingesetzte Zwang, könnten nicht mehr helfen. | [123]

Wenn wir uns partout nicht zurücknehmen wollen, wenn Umwelttechnik alleine wenig hilft, flüchten manche zurück zur Atomspaltung. *Small modular reactors* etwa sind im Gespräch. Diese versprechen CO_2-freie Energie aus kleinen mit Natrium gekühlten Flüssigsalzreaktoren. Allerdings nur solange der Uranvorrat reicht! Es wäre allenfalls eine Übergangstechnologie mit Umweltfolgen. Was aber ist mit den sicheren und den möglichen Folgeschäden an Natur und Mensch? Ein anderer Vorschlag ist: Presst einfach alles Schädliche mit hohem Energieaufwand in tiefe Gesteinsschichten. Das passende Schlagwort ist CCS oder *carbon capture and storage*. Der Atommüll lässt da grüßen. In der weiterentwickelten Form hieß es dann BECCS oder *bioenergy carbon capture and storage*. Oder man nehme nachwachsende Biomasse, wie Bäume und Pflanzen, erzeuge damit Strom und verpresse das anfallende CO_2. Es wäre ein gigantisches Aufforstprogramm, Plantagen schnell wachsender Baumarten, Ölpalmen oder Zuckerrohr. Einer der wohlfeilen Vorschläge war dann, beispielsweise einen umweltschädlichen Flug mit mehreren Baumsetzlingen auszugleichen. Diese Monokulturen begännen frühestens nach 30 Jahren mit ihrer Wirkung. Dafür müssten allerdings artenreiche Jahrtausende alte Urwälder weichen und sehr viel Wasser müsste vergeudet werden. Oder streut doch Basaltstaub auf die Felder um ein wenig CO_2 zu binden. Oder füllt die

Lufthülle in großer Höhe mit Wärmereflektoren, beispielsweise Sande, Kalkstaub, Metallfolien oder Schirmsatelliten. SCoPEx, Harvard und Bill Gates sind Namen, die forschend und spendend dafür stehen, mit technischen Anstrengungen CO_2-frei zu werden und gleichzeitig nichts an unserem komfortablen Leben zu ändern. Deren Schlagwort ist Klimaintervention. Andere sprechen von *geoingeneering*. Kaum jemand sieht den Maßstab, die Größenordnung und den notwendigen Energieaufwand, den wirksame Lösungen erfordern würden. Können wir unseren Energieaufwand denn beliebig steigern und dennoch nachhaltig sein? Erde und Natur als Experimentierfeld der über alles erhabenen Menschen! Sind es nicht Eingriffe in Naturabläufe mit unabsehbaren Folgen. Kühlen diese Maßnahmen wider Erwarten kurzfristig ab, lassen die Welttemperatur danach jedoch wieder, und schneller noch, hochschnellen? Was, wenn die Nachkommen dieser Macher dieses Naturgefüge nicht wieder ausbalancieren können? Ist es nicht wie der Meißel des Bildhauer, der zu viel abschlägt und so das Werk zerstört? Was, wenn also die dann siechende Natur unser Leben nicht mehr stützt? Und dieses ganze riskante Ideenspiel nur, weil wir uns nicht zurücknehmen wollen? | 61 125 130

3 Szenarien sind für unsere Zukunft denkbar:

Wir leben weiter wie bisher. Wir wachsen wie bisher. Wir verbrauchen wie bisher, sowohl alle verfügbare Energie als auch die Natur. Und wir händeln wie bisher, mal verbal, mal blutig. Es wird sicher wärmer. Es wird sicher mehr Unwetter geben. Auch die bisher bevorzugten Lebensräume werden lebensfeindlich. Durst und Hunger werden in die Flucht schlagen und töten. Wie weit sich die Welttemperatur erhöht, ob es einen Sättigungszustand gibt, wissen wir nicht. Aber wir wissen, dass die Menschheit schrumpft. Der Rest muss sich anpassen. Wir mussten dies schon immer. Aber in so kurzer Zeit?

Wir erfinden unerschöpfliche nachhaltige Energie und schaffen alles schädigende Kohlendioxid irgendwie weg. Weil das aber nicht , nur ein wenig oder zu langsam vorangeht, schirmen wir uns einfach vor der Sonne ab. Wir füllen also die Stratosphäre mit Reflexionsmaterial. Die notwendige Dosierung ist unbekannt. Ein *Vabanque*-Spiel der Technik-*freaks* mit unabsehbaren Folgen. Auch die Natur kann zusammenbrechen.

Wir beschränken uns sofort. Weniger Energie, weniger Komfort aber gerechter verteilt, weniger Geburten. Denn auch Geburtenkontrolle ist Klima- und Naturschutz! Aber für alle genügend zu trinken, zu essen und zu wohnen. Wir schaffen dies mit wissensgeführtem und bewusstem Leben. Ein dauerhaftes Weiterleben scheint möglich!

behindern uns grenzen?

Die bereits angesprochene Infektionskrankheit bietet sich auch an, das historische System der Staaten beispielhaft zu analysieren. Der weltglobalen Virenverbreitung begegneten wir durch getrenntes Vorgehen der einzelnen Staaten. Alle waren sich bei der Virenabwehr selbst der Nächste. Ob der rasanten Ausbreitung der Krankheit verlangten die verschiedenen Regierungen persönlichste Einschränkungen. Jeder Staat suchte seine eigene Strategie, mit unterschiedlichem Ergebnis. Viele beschränkten das soziale Neben- und Miteinander. Von den Staatsführern verordnetes, manchmal auch erzwungenes Verhalten rief bei den Bürgern der Demokratien Verantwortung ab. Maßnahmen, die so leidlich funktionierten, solange sie kurzfristig waren und deren Notwendigkeit akzeptiert wurde. Einige waren jedoch grundsätzlich nicht dazu bereit, pochten auf ihre persönliche Freiheit. Rigorose Staatsführungen zwangen ihre Bürger zu angemessenem Verhalten, überwachten und sanktionierten. Sie hatten mehr Erfolg, konnten die Seuche bei sich eine zeitlang bändigen, angesichts der globalen Welt allerdings nie dauerhaft. Abgewägt wurde immer die *innere* Freiheit, die Freiheitsrechte im Staat. Dieses ganz unterschiedliche und getrennte Vorgehen von Staaten zeigte deutlich, dass Verschiedenheit und Unabhängigkeit ihren Preis hat. Eine frühzeitige, weltkoordinierte Verfolgung der Ausbreitung hätte besser eindämmende Chancen gehabt. Waren Grenzen ein Hemmschuh, besonders die Grenzen in den Köpfen? Wer wägt schon eine imaginäre *äußere* Freiheit, sich frei in der Welt bewegen und leben zu können, ab gegen die Erfordernisse der Weltgemeinschaft?

Übertragen wir diese nur temporäre Problemklasse auf die Ebene der diffusen, uns aber dauerhaft bedrohenden Klimafolgen, ergeben sich Fragen: Nützt es, um es praktisch zu machen, wenn wir ein paar Millionen Bäume pflanzen? Europäische Politiker, aber auch gewitzte Marketingstrategen umweltschädigender Komfortanbieter propagieren dies, ähnlich den schon erwähnten Vorschlägen BECCS. Auch dieser Baum-Ablass kann erst nach 30 feuchten Jahren klimawirksam werden. Wäre es nicht viel effektiver, Urwälder gemeinschaftlich zu schützen, etwa am Amazonas oder in Asien? Denn roden schädigt Klima und Natur sofort, abbrennen erzeugt zusätzliches CO_2. Wenn wir kein Soja und kein Fleisch mehr aus Brasilien exportieren und keine hochtechnologischen Landwirtschaftsgeräte mehr dorthin exportieren, machen wir Roden unattraktiv. Würden wir Europäer denn, wenn nachhaltig erzeugte Energie alleine nicht ausreicht, unseren Verbrauch nachhaltig bremsen? Würden wir uns zielgerichtet übernationalen Modellen einer Reduktionswirtschaft unterwerfen? Würden wir solch eine sicher schmerzhafte Umwälzung überhaupt mitmachen? Können wir Komfort aufgeben, uns zurücknehmen und neu, ausgewogen und dauerhaft nachhaltig handeln? Finden wir zur bewusst verzichtenden Demut, eine für uns völlig neue Herausforderung, für die wir wohl nicht gemacht sind? Ist uns klar, dass wir die Gefahr nur gemeinsam stoppen oder alle leiden? | [127]

Übernationale Solidarität gab es während der Pandemie selten. Die Krankenversorgung beispielsweise blieb national, einschließlich ihrer Schwächen. Die fieberhafte Suche nach helfenden Medikamenten wurde zum Kampf um wirtschaftliche Vorteile. Erfolgreich forschende Pharmafirmen anderer Staaten versuchte man sogar wegzukaufen. Dringend benötigte Schutzausrüstung für Krankenpflegerinnen und Krankenpfleger wurden durch nationale Lieferstopps behindert. Da wurde Verknapptes zur Goldgrube, dieses eingeübte

Kampfmittel unseres Kapitalismus. Die Seuche insgesamt zeigte schonungslos, jetzt ganz unerwartet, auf unser heute eigentliches Steuerungswerkzeug: das Geld. Für die Weltverbreitung sorgten die reisenden Reichen, selbst ihr Sterben konnten die Reichen mit einer qualifizierten Krankenversorgung abmildern. Die Armen aber starben zuhauf. Und Geldeinsatz, auf der Grundlage jahrhundertelanger Entwicklung, förderte auch die Bekämpfung, half zuvörderst den Reichen. Aber einer globalen Gefahr kann nicht national ausgewichen werden. Und tatsächlich: erwärmen wir das Klima, schädigen wir unsere Lebenswelt global und für alle. Doch auch da scheinen die Reichen, vielleicht auch die Aktiveren, effektivere Schutzmaßnahmen aufbauen zu können, wenigstens temporär. Des ungeachtet können wir eine lebensunwerte, global veränderte Welt nur gemeinsam verhindern. Wir lösen es entweder als Menschheit gemeinsam oder unsere einzeln handelnden Staaten scheitern und Jeder und Jede blutet.

Diese Seuche zeigte auch noch andere wichtige Aspekte. Manche Regierungen befragten ob ihrer Ratlosigkeit die Medizinwissenschaft. Deren Expertise sollte ordnungspolitische Entscheidungen begründen, erleichtern und verbessern helfen. Selbst mancher parteiliche Meinungskampf ordnete sich den Herausforderungen unter, um erfolgreich abzuwehren. Schnell wurde aber auch klar, dass unsere komplexe Lebenswelt viele begründbare Aspekte hat. Dennoch oder gerade deshalb ist Wissenszugewinn eine Chance. Schlussendlich müssen wir unser Handeln politisch oder als Gesamtgesellschaft entscheiden, können aber Fehler begründeter vermeiden. Eine Erkenntnis der Medizin war, dass alle Maßnahmen zur Seucheneindämmung zeitverzögert wirkten. Von der Ansteckung bis zum Ausbruch, oder bis die Krankheit messbar wurde, verging wertvolle Zeit. Genau diesen Zeitverzug kennzeichnet auch unsere Anstrengungen zur Nachhaltigkeit. Denn auch Maßnahmen zur Nachhaltigkeit zeigen erst allmählich Wirkung. Beim Klima spielt vieles mit, was die Atmosphärentemperatur beeinflusst. Es ist nicht nur Kohlendioxid. Und es kann Jahre dauern, bis beispielsweise verwertbare Trends in der Temperaturkurve ablesbar sind. Auch für die Klimakrise, um die wir uns besonders kümmern sollten, hat Wissen eine ganz besondere Bedeutung. Das gilt für die Klimawirksamkeit genauso wie für die wirtschaftlichen und gruppendynamischen Folgen. Unsere entscheidende Frage ist also: wann endlich bestimmt begründetes und gesichertes Wissen unser Handeln? Da wären wissentlich und nachhaltig zusammenwirkende Staaten ein hilfreicher erster Schritt. Unser schädigendes Wirtschaftshandeln kann nicht mehr ungeregelt frei, weltweit und nur gewinngetrieben bleiben. Es ist ja gerade der Treibsatz unserer Aufheizung und Naturverarmung. Um durchgehende und dauerhafte Nachhaltigkeit zu erreichen, stören Konkurrenz, Grenzen und Staaten. Da war es ein Lichtblick, dass die Medizinwissenschaft erfreulicherweise auch im globalen Austausch nach medizinischer Hilfe forschte, manche staatliche Grenze überschritt. Und dies obwohl auch die Forschung häufig je Staat alimentiert, also gefördert ist und potentielle Gewinne gerne individuell verbucht werden. Nur internationaler Austausch entscheidet heute, ob sich Wissen schnell verbreitet und Erfolg möglich macht. Und parallel dazu versprechen nur effiziente, technisch und digital unterstützte Handungsstrukturen Erfolg. Können wir die entscheidenden Weichen zur Nachhaltigkeit endlich mit weltweitem Wissen und gemeinsam stellen?

Doch die Fakten der Medizin zur Entscheidungsfindung bei der Bekämpfung der Seuche begeisterten nicht alle. In der Zuspitzung wurde Wissenschaftlern gar mit dem Tod gedroht. Das klingt archaisch, nach Zeiten in denen Potentaten den Botschafter einer schlechten Nachricht kurzerhand töteten. Auch Klimaveränderung und Umweltverarmung werden verleugnet. Doch wir verändern nicht nur das Klima sondern schwächen die ganze Natur und setzen alle Arten unserem Verdrängungsstress aus. Daher werden nicht nur weitere Seuchen in der Zukunft verstärkt auftreten. | [112]

Die heute Lebenden und besonders alle Kinder stehen voraussichtlich vor einem großen Umbruch. Vor einschneidenden Entscheidungen, vor denen die Menschheit noch nie stand. Sie wird nur gemeinsam erfolgreich sein. Alle sollten ihre Stimme erheben, so ihnen an ihrer Zukunft liegt, und sich weltweit beteiligen. Des ungeachtet beschäftigen sich viele nur mit sich selbst, ja haben andere, unmittelbare Überlebensnöte. Weltweite, sachgerechte und freie Meinungsäußerung und Entscheidungsfindung zu diesem hochbrisanten Problem wären notwendig. Doch dies erschwert unsere zersplitterte Welt der rund 200 einzelnen Staaten. Alle sind historische Machtgebilde. Besonders augenfällig sind Überbleibsel längst vergangenen Machtgehabes wie der Vatikanstaat, der Islamische Gottesstaat oder etwa eine einst weltherrschende englische Queen. Alle heutigen Mächte regeln souverän, fällen eigene Entscheidungen. In manchen Staaten lenkt eine Machtclique, die Bürger entscheiden nichts. In einigen wählen die Bürger Führungsgremien, aber nur wenige können sich praktisch und tatsächlich beteiligen. Es betrifft alles staatliche Handeln, seien es die Gesetze für alle Lebensbereiche, die Besitzverteilung, Ressourcenausbeute oder Wirtschaftsformen. In den Lebensprozess mischen sich heute aber auch international verflochtene Unternehmen und ihr globales Handeln ein. Sie beeinflussen dadurch die Gesellschaftspolitik vieler Staaten. Für die Konsequenzen rund um unsere Weiterexistenz spielt all dies eine existenzielle Rolle. Sollten wir hier nicht global eingreifen?

Sind wir unüberschaubar vielen Weltbürger überhaupt konsensfähig? Wir terrorisieren in Allahs Namen, halten Manöver in umkämpften Seegebieten ab, drohen mit Handelskriegen, unterdrücken Minderheiten oder bauen unüberbrückbare Grenzzäune. Wie schaffen wir in dieser Massengesellschaft koordiniertes Handeln, weltgemeinschaftliche Verantwortung? An Klimaschädigung und Naturzerstörung jedenfalls sind wir alle beteiligt. Jeder Einzelne schädigt zwar ganz unterschiedlich, aber es fällt uns allen gleichermaßen auf die Füße. Wir leben getrennt in Staaten, konkurrieren wirtschaftlich oder gar mit Waffen gegeneinander. Besonders die stärksten drei Wirtschaftsmächte, China, USA und EU, sind wirtschaftlich konkurrierende Machtblöcke. Sie blasen über die Hälfte der Treibhausgase in die Luft. Werden sie je einen Konsens finden und ihren Verbrauch an Energie und Ressourcen so reduzieren, dass keine Aufwärmung mehr davon ausgeht und die Natur erhalten bleibt? Geben sie gar trennende Staatlichkeit und Ideologie zugunsten einer Überlebenschance für die Menschheit auf? Können wir je das Ziel schaffen, solange egoistische, kapitalistische oder ignorante Despoten einen Teil der Menschheit drangsalieren? Wollen und können Vernünftige die Leugner und borniert wehrhaften Despoten zwingen?

Wir können und wollen das Rad der Globalisierung nicht zurückdrehen. Wir sind sehr viele, sind lokal und weltweit vernetzt. Staatsgrenzen genauso wie alle sich kulturell absondernden Völker sind ein Anachronismus, also Sperrgut in unserer Spätmoderne. Sie sind das Ergebnis von zwei ordnenden Leitplanken, die über unsere Entwicklung entschieden. Es waren der Glaube und das Volk, auch in der Spätform als Nation. Beides war effektiv, genialisch erfunden, aufgedrängt und perfekt ausnutzbar. Emotional treibende Gefühle, die Hoffnung und Sozialbindung stärkten und gleichzeitig unsäglich töteten. Solchen Uraltlasten hängen noch viele nach. Das gilt auch für vormoderne Gesellschaftsformen. Trotzdem bedienen sich einige dieser Länder neuester Technik und neuester Waffen und beteiligen sich an internationalen Finanzströmen. Wir kennen die individuelle und im Schwerpunkt wirtschaftliche Freiheit, die lenkend überwachte Staatswirtschaft, aber auch ausbeutende Diktaturen und rückwärtsgewandte Gottesstaaten. Alle diese Systeme müssten transformiert werden. Die Weltgemeinschaft müsste dafür Lösungen suchen und finden, sich einmischen. Es ist nicht mehr angemessen, wenn sich alle machtpolitisch und wirtschaftlich übertrumpfen, aus gegenseitiger Konkurrenz Vorteil ziehen oder sich bei globalen Problemen ganz abriegeln. Dabei sind wir alle, ob wir wollen oder nicht, Teil, ja Treiber eines Gesamtgeschehens, das wir unbedingt verändern sollten. Haben wir denn die Kraft, überkommene, überlebte Führungskultur abzulegen zugunsten neuer Bewusstheit, wissenschaftlicher Nachprüfbarkeit und weltweiter Gemeinsamkeit?

Die produzierenden Wirtschaftsunternehmen und wir als Kunden heizen unsere Welt auf und verarmen ausbeutend die Natur. Dies tun wir als Individuen, aber genauso als wirtschaftendes Kollektiv. Der eigentlich gebotene Klima- und Artenschutz wird uns einiges abverlangen, vieles umkrempeln. Es wird ein langer Weg. Die westlichen Demokraten mit ihrer Wirtschaftsfreiheit sind bei den Schädigern vorne mit dabei. Ihr Handeln ist oft auf Wählerinteressen ausgerichtet oder schielt auf Konkurrenz. Sie sind auf schnell erreichbare Ziele, auf mediale Wirkung aus, sei sie überwachend oder einnehmend, um akzeptiert zu bleiben. Alles ist auf das eigene Territorium beschränkt. Diktatoren und ihre Machtzirkel denken zuerst an ihren Machterhalt. Ihr Interesse sind Repression, ihr Machtterritorium, niemals aber die Umweltsorgen von Nachkommenden. Mitbestimmende Weltbürger, so dies idealerweise erreichbar wäre, könnten international wirken. Jeder Einzelne könnte so eine Stimme haben. Aber auch Individualisten neigen zu schnellen, für sie sichtbaren Erfolgen. Wirkungen auf Klima und Natur sind dagegen zuerst nicht oder nur schwach spürbar. Sie werden aber zunehmend zur Gefahr. Ein klimaschonend reduzierter Komfort, ein sich Zurücknehmen aber wäre bei allen Bürgern, ob frei oder überwacht lebend, nicht beliebt. Komfortabel, ja verschwenderisch leben ist angenehmer als selbstbeschränkt. Das jetzt noch gültige Primat der Wirtschaft, auf Staaten bezogen genauso wie weltweit, müsste beendet werden. Parlamentswahlen gewannen Politiker bisher meist mit Wirtschaftsthemen, die allen Wohlstand versprachen, ein besseres Leben. Diktatoren dagegen fürchten wirtschaftsgetriebenen Widerstand. Tatsächlich massierte die Wirtschaftsabhängigkeit auch die Besitzmacht von Unternehmen und ihrer Führer. Fragen Wähler oder auch Untergebene denn nach den Konsequenzen ihres Verbrauchens?

Person und Besitz stehen in den demokratisch und wirtschaftsorientierten Staaten im Fokus. Dies gilt in eingeschränktem Sinn auch für Machtcliquen. Das reicht von sozial gedämpftem Wirtschaften, knallhartem Kapitalismus bis zum besitzmächtigen Geflecht der Diktatoren, Herrscherdynastien und Oligarchen. Selbst heutige kommunistische Systeme festigen sich vorrangig mit Ethnie und Kapital. Zwang nach innen gibt es in unterschiedlichen Führungssystemen. Demokratien neigen dazu, je wirtschaftsorientierter desto mehr, Besitz eher zu schützen als Person, Gesellschaft und Gemeinsinn. Diktatoren suchen ihre persönliche Macht innerhalb ihres Territoriums zu sichern und gleichzeitig ihren eigenen Vorteil. Da ist das Volk oft nur Verfügungsmasse. Auch Kommunisten und ihre Parteikader schützen sich vor dem persönlichen Freiheitsdrang ihrer Bürger. Heutiger Kommunismus will Wirtschaftstätigkeit nicht verhindern, allenfalls Besitzunterschiede glätten, aber diese machtpolitisch nutzen. Unterschiedslos alle Systeme aber sehen Konkurrenten, wollen sich gegen *die* Andern behaupten, gegen *die* Aggressoren sichern. Immer noch blendet Kriegswut die Machtzirkel, ihre Anhänger, ganze Völker. Vergeudete Energie und Ressourcen sind ihr Kriegstribut. Da werden etwa mit hohem steuertechnischem Aufwand Abwehrsysteme gegen feindliche Raketenwaffen entwickelt. Die Kraft aber, sich zu einem Gemeinsamen zusammenzuraufen, wird nicht aufgebracht. In solchem Zerstörungshass kommen weder Klimakrise noch Artenschutz vor. Was aber wiegt schlussendlich für Klima- und Artenschutz mehr: Der naturzerstörende Kriegsverbrauch oder eine Verschnaufpause durch weniger Menschen und eine zusammengebrochene Wirtschaft nach verlustreichem Sieg? Was sind solche Siege wert, wenn bald Natur und Klima zerstört sind?

Ganz selbstverständlich nimmt sich auch jede friedliche Wirtschaftsnation neben den Ressourcen ihres Territoriums einen möglichst großen Teil der Ressourcen der ganzen Welt. So sie solvent ist. Auch dies schädigt langfristig Mensch und Natur überall auf der Welt. Was rechtfertigt angesichts dieser Gefahr irgendeine staatliche Souveränität? Gelingt uns, das verkrustete System der Staaten zugunsten einer global nachhaltig lenkenden Struktur aufzubrechen? Wie finden wir neue Gemeinschaftsformen für ein notwendiges, nachhaltiges Zusammenwirken? Wie bringen wir die reichen, schädigenden Unternehmen dazu, sich zurückzunehmen und allen nachhaltig zu dienen? Wie bringen wir die viel Verbrauchenden dazu, sich zurück zu nehmen? Wie sichern wir trotzdem die Lebensfähigkeit und Teilhabe aller Verbraucher? Wie belohnen wir Nachhaltigkeit? Wie bestrafen wir zukünftig Schädiger? Wie sichern wir weitgehend individuelle Freiheit und wie sehr müssen wir sie einengen? Wie ermöglichen wir das Leben unserer Nachkommen?

Wenige fortschrittlichste Staaten und ihre Bürger, welche auch die größte Schädigung verursachen, beginnen zu denken. Sie wollen ihre Innovationskraft einsetzen, um neue, nachhaltige Techniken aufzubauen. Um ihren Schadstoffausstoß zu verringern, setzen sie auf erneuerbare Energieformen, auf *grünen* Strom, aber auch auf neu zu erfindende, umweltschonende Techniken. Ihr Ansporn ist zweigeteilt: Sie sehen wirtschaftliches Potential, wollen Weltmarktführer werden mit neuer, *grüner* Überlegenheit. Und sie hoffen Beispiel zu geben, andere zur Nachhaltigkeit anzuregen. Es ist zweifelsohne ein richtiger Gedanke, positiv zu motivieren. Doch es zählt immer noch das Geld, zählt weiterhin zunehmender Wohlstand. Verdrängt wird, dass dadurch Industrie-, Siedlung- und Ernährungsbrachen weiterhin wachsen. Funktioniert unbeschränkt verfügbare Energie bei unbeschränktem Naturverbrauch? Verteilt dieser technologische Wettkampf nur den Wohlstand anders, reduziert den Treibhauseffekt aber nicht?

Es ist voraussehbar, dass wir wesentlich mehr tun müssen für unser Weiterleben als nur unsere Energietechnik umzubauen. Auch Industrietätigkeit und Verbrauch müssen wohl zurückgefahren werden. Vernunft und Freiwilligkeit sind dabei aber nicht von allen zu erwarten. Gingen einzelne vernünftig gewordene Industriestaaten voran und dämpften Wirtschaft und Verbrauch, würde Neid aufkommen. Neid gegen alle, die trotzdem weiterhin komfortabel leben. Diese Ignoranten könnten sich obendrein Wirtschaftsvorteile sichern. Dies wäre allerdings ein Pyrrhussieg, denn die Klimakrise würde weitergehen, durch nationale Alleingänge möglicherweise beschleunigt. Zusätzlich würden sich Demokratien schwer tun, ihre Wirtschaft protestlos zu reduzieren, denn Wirtschaftsführer und Bürger hielten kaum still. Sind denn nicht viele Demokratien zum Feigenblatt ungebremster Individualität, extremen Komforts geworden? Individualität hat die Menschheit wachsen lassen, inspiriert und vorangebracht. Funktioniert eine dadurch jetzt überquellende und verbrauchende Menschheit zukünftig nur noch mit unterdrückendem, lenkendem Willen? Gehört also der digital und zentral überwachenden Führung, den gelenkten Massen die Zukunft? Kann nur eine ausgefeilte Verhaltenskontrolle ein einheitliches Herunterfahren vermeidbarer Produktion durchsetzen? Können wir zur Nachhaltigkeit nur gezwungen werden? Eine verstörende Fragestellung für einen Freiheitsrechtler, die wohl erst die aufgeheizte Erde beantworten wird.

Wie nationale Alleingänge hindern, zeigte auch die bereits zitierte Seuche wie in einem Lehrstück schonungslos. Unterschiedliches Vorgehen der einzelnen Staaten führte zu ganz unterschiedlich heftigen und folgenschweren Verläufen der Seuchenausbreitung. Viele ließen das Virus auf sich zukommen und wurden davon überrollt. Wenige nahmen ernst, untersuchten und überwachten ihre Bürger. Manche setzten auch auf immer ausreichend verfügbare ärztliche Hilfe. Hilfreich war dabei eine disziplinaffine Bevölkerung.

Grundsätzlich steht immer Einzelinteresse gegen Gemeininteresse, egoistisch gegen gleichgerichtet. Der Egoismus der Staaten machte das Virus erst zur Pandemie. China als Auslöser traf die Hauptschuld. Seine Führer unterdrückten die ersten Alarmgeber, erzwangen ihr Schweigen. Sie wollten sich, ihrem Volk und der Welt keine Fehler eingestehen. Doch Mutige schwiegen nicht. Die versuchte Vertuschung vergeudete Zeit, was ursächlich zur Pandemie führte.

Dagegen hätte eine schnell und rational erarbeitete Gesamtstrategie der Weltgesundheitsorganisation das Virus der Welt wohl ersparen können: Gemeinsame, gezielte Beschränkung umsetzen und medizinische Infrastruktur klug verteilen! Auch die liberalen Staaten taten sich bei der Eindämmung mit zeitweilig beschränkter individueller Freiheit schwer. Demokratische Regierungen und Parlamente suchten oft nach Kompromissen, nach dem geringsten Widerstand. Auch die Kakophonie oder der Wirrwarr der Maßnahmen, deren Unklarheit und schlechte Kommunikation waren Treiber. Denn dies verunsicherte, entband aber auch von der Verantwortung. Die Konsequenz waren teilweise hohe Sterberaten.

Auch hier spiegelt sich das bedrohende Klimaproblem. Ganz ähnlich ist, dass jeder souverän handelnde Staat für sich und ganz unterschiedlich das Klima schädigt. Besonders sind es die Staaten der ersten Welt, die auf ihr Individualrecht pochen. Wir merkten bei der Seuche auch schmerzhaft, dass nicht abgestimmte, totale Eingriffe immer auch kollateral schädigen. Seucheneindämmung stand gegen Wirtschaftstätigkeit und Versorgung. Nach jeder Pandemie blieb aber immer, egal wieviele Leben sie dahinraffte, ein Bevölkerungsrest. Dieser konnte sich bisher immer wieder berappeln und weiterleben. Dass die drohende Warmzeit unsere heutigen Lebensformen insgesamt und nicht mehr korrigierbar gefährden kann, wird erst allmählich klar. Auch kann sich, im Gegensatz zu Seuchen, niemand individuell schützen. Und eine einmal aufgeheizte Welt wird Menschen verlieren. Wollen wir die Klimakrise lösen, müssen wir einen Erfolg versprechenden Weg finden. Da darf es keine Tabus geben. Ein stabiler Dauerzustand könnte jedoch erreicht werden. Kann dies bei einer überquellenden Menschheit allein technisch erreicht werden? Auch scheint klar geworden zu sein, dass regionale Lösungen oder nationale Alleingänge scheitern. Unstrittig ist auch, dass wirtschaftliche Tätigkeit, also die Versorgung der Welt, notwendigerweise aufrecht erhalten werden muss. Kommen wir aber nicht umhin, weltweit unsere Waren- und Ernährungsversorgung zu reduzieren, sind intelligente Lösungen gefragt. Nur kluge, technisch und digital unterstützte und koordiniert abgestimmte Strategien werden helfen können, beide Notwendigkeiten auszugleichen. Wir werden daher unsere ganze Wirtschaftstätigkeit neu ausrichten müssen. Denn wir müssen es schaffen, unsere Schädigungen herunter zu fahren und gleichzeitig die Versorgung der Milliarden zu gewährleisten. Es darf nicht mehr länger derjenige gewinnen, der wirtschaftlich am gewieftesten übervorteilt und Weltressourcen verbraucht. Und Kompromisse mit Natur und Klima sind auch nicht möglich. Diese verwässernde Spielart unserer Demokratien, die bisher eher den Reichen nutzte, wird nicht mehr funktionieren. Da ist Umdenken bitter nötig. Wird das Klimaproblem und die Naturverarmung ohne eine neue Weltordnung, sowohl wirtschaftlich, politisch als auch sozial, zu lösen sein?

Wollen wir weiterhin individuelle Freiräume, müssen wir im Sinne des Gemeinwohls daran mitarbeiten. Gruppen sind leider jedoch immer eine Mischung aus Disziplin und Anarchie, Vernunft und Ignoranz. Wir sollten uns darüber klar werden, dass bei weltweiter Schädigung die Egoismen der Einzelnen zurückstehen müssen. Käme es zu keinem Konsens, zu keinem weltweiten Konsens, zu keiner neuen Weltordnung, erreichen wir das Ziel wahrscheinlich nicht. Unabhängig davon stünde möglicherweise eine machtpolitische Umbruchzeit bevor. Jetzt schon stehen 3 Milliarden im Komfort Lebende in den Industrieländern 5 Milliarden wenig schädigenden Betroffenen gegenüber. Wie verhindern wir eine Zerreißprobe? Wie lösen wir diese weltweite Konkurrenz der Staaten auf? Behindern uns also Grenzen? Die Antwort ist eindeutig: *Ja!*

was können wir beitragen?

Wie wollen wir zukünftig zum Klimaschutz anregen? Müssen wir völlig neue Steuerungsmodelle entwickeln, uns auf neue Ordnungsziele ausrichten? Es ist jedenfalls klug, wenn wir uns ganz bewusst und aktiv auf heutige und vor allen Dingen zukünftige Bedingungen einstellen. Denn wir sind sehr viele, weltweit mobil, oft gedankenlos und auch skrupellos verbrauchend. Viele haben heute Angst vor der

Transformation vom traditionell Engen zum elektronisch Globalen. Sie fürchten die in Bewegung gekommene und global vernetzte Welt. Dieser durchaus spürbare Wunsch nach Rückzug in ein imaginär Abgeschlossenes, ein vermeintlich Sicheres, ist ein Irrweg. Werden wir dies noch schmerzlich spüren? Die alten Schemata der Macht und die daraus entstandene Nationalstaaterei haben kaum mehr Zukunft. Denn wir erreichen einen fortgeschrittenen, technischen und wirtschaftlichen Reifezustand. Wir haben uns heute weltweit so verzahnt, dass alles Handeln und dessen Folgen immer alle Menschen treffen. Die davon ausgelösten komplexen Erfordernisse und Entscheidungen übersteigen unsere noch alten kleinräumigen Vorstellungen längst und bei weitem. Denn sie stammen noch aus der Volksgründerzeit und der Aufklärung. Doch wir hängen dem immer noch an. Übersteigen die heute immer auch globalen Anforderungen unser Urteilsvermögen? Wir ordnen unsere Handelsbeziehungen in der WTO durch eine Art *world trade order*. Drängender aber wird eine *world cultural and natural order*. Eine uns weltweit verbindende, neue, rationale Kultur der Nachhaltigkeit und eine Handlungsordnung des Respekts vor unserer Existenzbasis Natur. Denn sie ist ein nie fertiges Zwischenergebnis eines filigranen, langlaufenden und zufälligen , den wir empfindlich stören. Den verbliebenen Naturrest nicht weiter nach Kräften niederzumachen, erfordert ein grundsätzlich neues Denken. Es müsste unserem heutigen Entwicklungsstand entsprechend weltgemeinschaftlich, rational und dogmenfrei angelegt sein. Nachhaltig und naturkonform, ja naturschonend sind die entscheidenen Stichworte. Uns sollte zusätzlich klar sein, dass eine jetzt überfällige, sicher schwer erreichbare technische Nachhaltigkeit nur ein Etappenziel ist. Wir, die wir uns zu alles bewältigenden Machern aufgeschwungen haben, müssen heute alle uns bestimmenden Anreize in Frage stellen. Wir müssen unser verbrauchendes Handeln neu ausrichten. Wir müssen uns so weit zurücknehmen, dass der Mechanismus der natürlichen Evolution in breiter Form möglich bleibt, und zwar dauerhaft. Wir wissen nicht, wie weit wir uns drosseln müssen. Wir wissen aber, dass wir alles was nötig ist tun müssen, wenn wir Klima und Natur dauerhaft lebenswert erhalten wollen. Aber eine wirksame Schadensbegrenzung wird kein Honigschlecken!

Die überquellende Menschheit verbraucht die Natur zunehmend. Um der notwendigen Vielfalt natürlichen Lebens wieder mehr Raum

zu geben, bekommt der Freiheitsbegriff eine ganz neue, eine sicher eingeschränkte Bedeutung. Denn wir treiben unsere verbrauchende Entwicklung ungebremst und immer stärker an. Unser Ideal individueller und besonders wirtschaftlicher Freiheit ist dabei, zu einem euphorischen Irrtum des menschlichen Verstands zu werden. Insbesondere in ihrer wirtschaftlichen, Gewinn maximierenden und Ressourcen ausbeutenden Konsequenz. Wollen wir unsere Freiheit nicht ganz verlieren, muss Freiheit neu gedacht werden. Die Freiheit der Person muss verteidigt, aber den Bedürfnissen und Notwendigkeiten der Gemeinschaft untergeordnet werden. Dies wird immer wichtiger, denn unsere Zukunft hängt ab vom Konflikt zwischen egoistischem Komfort und der für alle lebenswichtigen Nachhaltigkeit. Unsere Freiheit drängt uns zu immer mehr Wohlstand. Immer mehr Menschen wollen immer reichhaltigere Ernährung, immer mehr technische Unterstützung, immer mehr elektronische Unterhaltung, immer mehr Mobilität, immer mehr medizinische Hilfe. Dazu ist Wirtschaftserfolg notwendig und erfordert wachsenden Aufwand, mehr Energie, mehr Naturressourcen. Diesen Folgen kann sicherlich nur erfolgversprechend begegnet werden durch Nachhaltigkeit. Wirksam wird dies aber nur durch gemeinschaftliches Handeln aller. Doch anders als die kennengelernten Wirtschaftsfolgen einer spontanen Virenabwehr können geplante global wirtschaftsdämpfende und naturschonende Maßnahmen weit weniger einschneidend ausfallen. Je schneller wir das tun, desto sicherer lässt sich das Klima durch uns noch günstig beeinflussen, die Temperatur stabilisieren, die Artenvielfalt schützen. Ein höchstes Gericht hat bereits eine säumige Regierung zum Handeln gezwungen, die Lebenschancen deren Nachkommen sicherzustellen. Verantwortung, die leider nur singulär und lokal wirkt. Auch klug ist, die Wirtschaftssysteme an das heutige Wissen anzupassen, an dasjenige zur Natur genauso wie zum Klima. Sodass alle einen Ausgleich finden zwischen dem zum Leben Notwendigen und dem nachwachsenden Naturpotential. Dies würde in letzter Konsequenz auch Sparsamkeit und Beschränkung bedeuten. Reduzierten wir aber Ressourcen bewusst, dürfte deren Verteilung nicht mehr vom Geldbesitz abhängen. Sie müssten allen zustehen. Das Besitzrecht darf dann nicht mehr über dem Gemeinschaftsrecht stehen. Wäre Aufruhr wahrscheinlich? Wäre das der Bankrott unseres bisherigen Menschheitsdrangs?
Unser evolutionärer Weg wurde erfolgreich, weil wir zum Hoffen angeleitet wurden, zu hoffen gelernt haben. Das half, Schicksal anzu-

nehmen. Wir erfanden uns Begründungen, verdrängten so Unangenehmes, packten Schwieriges nur notgedrungen und nur häppchenweise an. Wir handelten hoffend und nahmen uns, was nötig schien. Dieses Vorgehen war vorteilhaft, solange unsere Handlungsfolgen von der Gesamtnatur jeweils absorbiert werden konnten. Unser heutiges Handeln aber ist oft emotionslos kalkulierend, auf Vorteil aus. Wir sind viele und werden vor allen Dingen im Weltsüden immer mehr. Wir verbrauchen die Lebensgrundlagen aller und das immer schneller. Wir tun dies ganz bewusst, geplant und weltweit, wenn auch der Schwerpunkt aller Naturschädigung auf der Landmasse des Nordens liegt. Auf diesem Anspruchslevel haben wir nur eine Chance, wenn wir die ganze Realität sehen, alles Wissen bündeln und alle Folgen einbeziehen. Unser nachhaltiges Handeln muss sich streng und nach Prioritäten sortiert an der Gefährdung ausrichten. Um die Schäden durch Klima und Naturausdünnung möglichst gering zu halten, brauchen wir neue Handlungsformen für die Gesamtwelt. Grundlagen dazu liefert eine weltweit vernetzte Wissenschaft, ohne deren Erkenntnisse die Menschenmassen schon heute nicht mehr leben können. Dies muss uns allen bewusst werden, muss Demagogen und Manipulateure zum Schweigen bringen, muss uns alle anspornen. Nur mit dem auf tatsächlichem Wissen beruhenden Rat werden wir die drängenden Zukunftsfragen beantworten können: Wie geht eine notwendigerweise nachhaltige Politik bei einer heterogenen Menschheit? Wie können die weit Entwickelten, besonders die umweltschädigenden Industriestaaten, mit ihrer Kreativität und ihrem Beispiel vorangehen?

Jede Zeit hat ihre Regierungsformen und Handlungsnormen, initiiert von den jeweils führenden Köpfen. Demokratie ist unsere bisher freieste Führungsform, ein hohes, ein schützenswertes Gut. Ist es auch unsere gerechteste Gemeinschaftsform? Parlamente kontrollieren demokratische Regierungen. Dies sollten wir nicht leichtsinnig aufs Spiel setzen. Jetzt aber braucht es neue, alle begrenzende Gebote, welche die Klima- und Ausbeutungsproblematik entschärfen. Denn mit Freiwilligkeit allein wird es wohl nicht gelingen. Für die Zukunft unserer Kinder ist eine Flucht vor der Wirklichkeit keine Option. Doch auch Zwang kann überborden. Erinnern wir uns an unsere jüngere Geschichte: Psychopaten endsiegten, aber auch die Befreier der Armen und Rechtlosen im Kommunismus übten Zwang aus und überzogen. Dies endete im Chaos. Doch auch Demokraten kommen bei den jetzt notwendigen existentiellen Entscheidungen an ihre Grenzen. Es geht jetzt nicht mehr um Wünschbares, es geht um die Substanz. Alle müssen sich zurücknehmen, wollen wir die Lebenschancen unserer Nachkommen wahren. Alle müssen ihren Beitrag leisten. Nur nach der fernen Politik zu rufen, die all das lösen soll, ist zwar emotional und menschlich, ist aber falsch.

Ein Komfortabbau durch Angleichen auf einen niedrigeren Stand etwa wäre zukunftsfähig. Die größten Schädiger USA, Europa und China müssten ihre Schädigungen zuerst reduzieren. Das ist effektiv. Das dazugehörende konsequente Weniger an Wirtschaftstätigkeit und Verbrauch müsste vor allen Dingen besser verteilt werden als heute. Es wäre ein weiser Paradigmenwechsel, wenn dadurch die Besitzunterschiede schrumpften, mehr soziale Gleichheit entstehen würde. Aber er würde dem Überleben aller nutzen und wäre ein gesellschaftlich ausgleichender Ansatz. Wohl träfe es Reiche und Starke, denn Arme können ihren Verbrauch kaum drosseln. Es würde ein Weniger an Besitz und Lebensqualität bedeuten, aber allen helfen. So schlägt etwa ein schwedischer König vor, seine Untertanen sollten kein Bad mehr nehmen um Wasser zu sparen. Auch er dusche nur noch. Seine Rechte, Besitztümer, seine Schlösser und Ländereien freizugeben und zu renaturieren, scheint ihm aber zu viel. Genauso könnte verringerter wirtschaftlicher Druck neue soziale Möglichkeiten schaffen und mehr Bildungsangebote ermöglichen. Und eine neue Gemeinsamkeit ähnlicher werdender Lebensverhältnisse könnte ansteckend kreativ machen. Sie könnte das innovative Potential aller anspornen und bündeln. Es könnte die Menschen enger zusammenführen. Aber es könnte auch Konkurrenz unter den Anführenden schüren, es könnte gefragt werden: Wer verliert zuerst seine Vormachtstellung? Doch wessen Vorteil wäre dann eine ansteigende Temperatur?

Schaffen wir es, die Privilegiengesellschaft zu beenden und alle Ressourcen der Erde und der Natur nur noch schonend und gemeinschaftsgerecht zu nutzen? Bisher sind sozial gedeckelte Wirtschaftsformen gescheitert, wie etwa die sozialistischen Reformversuche. Allerdings standen sie immer in scharfer Konkurrenz zum ungebremsten und vom Gewinn getriebenen Wirtschaften in anderen Regionen. Und Gewinne verhalfen zum Vorteil, immer mehr Ressourcen auszubeuten, immer mehr Waren herzustellen. Dies wiederum bedeutete für mehr Menschen Wohlstand. Doch drängt uns das siegreiche Wirtschaftssystem heute geradewegs in die Umweltzerstörung. Daher sollte sich die Konkurrenz zwischen produzierenden Unternehmen, aber auch unter Staaten, nur noch darauf beschränken, effizient nachhaltiger zu werden. Es zeigen sich schon zaghafte Versuche, innerhalb der Gewinnorientierung ökologischer zu werden. Große Fondsgesellschaften beispielsweise sind dabei, abzuschätzen, ob ein Aktienunternehmen nachhaltig operiert. Dann, so ihr Gedankengang, wird der Markt bald Schädiger im Börsenwert bestrafen, Nachhaltige aber belohnen. Ist das schon Klimaschutz, oder nur Investitionsschutz? Sind wir Menschen vernünftig genug, einen existenziellen Wirtschaftsumbau mitzugehen? Oder werden die Starken auch noch den letzten Rest der Ressourcen an sich reißen und die Schwachen verdrängen? Wollen die Vernünftigen das widerstandslos erdulden? | [46]

Die individuelle Freiheit des Westens scheint heute schon in kapitalistischer Verkrustung unter zu gehen. Geld und Besitz sollten daher soweit beschränkt werden, dass diese nicht mehr verführen, keine eigene ordnende Kraft mehr haben. Insbesondere sollte Besitz nicht mehr über den Tod hinaus weitergegeben und soziale Rangordnung damit abgesichert werden. Geld sollte schrittweise, nach Maßgabe der aufheizenden Schädigung, als Machtspeicher ausgetrocknet werden. Auch das technische und wirtschaftliche Handeln sollte rational gedämpft werden. Individuelles Streben nach Vorteil und Komfort darf nicht über das Weiterleben Aller entscheiden. Nur wenn wir alle rechtzeitig das Erforderliche tun, werden wir eine Zukunft haben. Mit unseren Menschenmassen gelingt ein Morgen wohl nur mit Gemeinwohl, mit zurückgenommenen Egoismen. Gemeinwohl oder Massenzwang? Was würde denn folgen, wenn wir nicht bereit und fähig wären, unsere Verbrauchs- und Wirtschaftskultur entscheidend zu verändern? Wenn wir das Ideal der individuellen Rechte nicht moderierten? Soll alles auf ein Zwangssystem der letzten Minute hinauslaufen, eines wie in China?

Tatsächlich sind wir gespalten in viele unterschiedliche Nationen und Ethnien. Unsere Machtstrukturen, unser Staatsverständnis und unser Wirtschaften sind auf nationalen Vorteil und auf Konkurrenz angelegt. Ein Abbau von Konkurrenz, eine Zusammenführung von Staaten ist wünschenswert und wäre über gemeinsame Interessenverträge möglich. Dies würde eine schonende gemeinsame Nutzung der Ressourcen erleichtern. Doch das Annähern der Volkswirtschaften, der Staatshaushalte, des Privatkapitals oder der Rechtssysteme wäre eine Herkulesarbeit. Da braucht es gemeinschaftlichen Druck. Bisher sind Staaten aber, wie auch alles Privatwirtschaftliche, untereinander wirtschaftliche Konkurrenten. Denn Volkswirtschaften entscheiden über das Machtpotential eines Staates, seine Infrastruktur genauso wie über seine Wohlfahrt. Mehr und erfolgreiche Wirtschaftstätigkeit verspricht höhere Steuereinnahmen. Ein umfangreicher Staatshaushalt schafft mehr Möglichkeiten, auch soziale. Welche Regierung, besonders wenn sie gewählt werden will, wird mit dem Komfortanspruch ihrer Bürger wirksam umweltaktiv? Wer schon will die Wirtschaft umbauen und damit Arbeit und Auskommen gefährden? Und viel gravierender noch ist die Frage: Was tun mit autoritären, gegen dieses Menschheitsproblem resistenten Staaten? Staatsführungen, die Bürger zwingen, andere zu unterdrücken? Staaten, die aus Gier Nachbarn bekriegen, Gebiete annektieren? Hat die Weltgemeinschaft der Vernünftigen genügende Kraft, Unbelehrbare gemeinsam zu zwingen, zuvörderst überzeugend und ohne, aber als letztes Mittel auch mit Waffen? Müssen wir uns nicht diesen Fragen stellen, wenn wir rational denken und verantwortungsbereit sind? Oder ist das alles erst ernsthaft diskutabel, wenn Hitzedruck und Unwetterkatastrophen weh tun? Ist es dann nicht schon zu spät? Wer fängt also damit an, wer reduziert zuerst, wer beginnt, sein Besitzstreben zu dämpfen, wer beginnt bewusst und konsequent, Quertreiber zu hindern?

Zuallererst müssen wir unsere industrielle Tätigkeit energieschonend umgestalten. Wir sollten keine Kohle mehr baggern, kein Erdöl mehr pumpen, kein Gas mehr fördern, keine Waffen für Machtziele mehr produzieren. Wahrscheinlich muss zusätzlich jede wirtschaftliche Tätigkeit, die Energie benötigt und Ressourcen verbraucht, auf das Wesentliche beschränkt werden. Dann wegfallende Arbeitsmöglichkeiten führen sicher zu Einbußen, zu weniger bezahlter Produktionsarbeit. Dies sollte die Gesamtgesellschaft auffangen. Solch einschneidende Maßnahmen sind jedoch nur in Staatenbünden oder Großstaaten wirklich wirksam. Jeder findet Beschränkungen unattraktiv. Da hilft es, die Menschen positiv zu motivieren, ihnen einen entschleunigten, auf die Gemeinschaft ausgerichteten neuen Lebenssinn aufzuzeigen. Viele sind auf ihre Gruppe bezogen, folgen Moden. Dies könnte positiv genutzt werden. Nachhaltige Ziele können durchaus positiv beworben werden. Beispielsweise kann Artenvielfalt sichtbar und deren Notwendigkeit auch erfahrbar gemacht werden. Dabei kann der Naturerhalt nur gewinnen. Auch die Dämpfung von Konkurrenz, ein naturschonend positiver Umgang miteinander und mit der Umwelt kann Stress abbauen. Und weniger Konsumwaren können helfen, sich positiv auf sich selbst zu besinnen und selbstgesteuertes Handeln zu fördern. Solche persönliche Zurücknahme könnte die extreme Ungleichheit der Lebensverhältnisse halbwegs verträglich anpassen. Dann könnte auch heutiger Wissenszugewinn die Gesamtwelt nachhaltig zusammenführen. Sind solche Vorschläge bodenlos einfältig oder konsequent?

Ganz lebenspraktisch können wir sofort damit beginnen, achtsam zu handeln. Wir sind intelligent, wissensstark, können konsequent und sozial sein. Wir können durchaus optimistisch handeln, mit vielen positiv besetzten Zielen. Gehen wir beispielsweise oder fahren Rad statt mit dem Auto, werden wir beweglicher. Ernähren wir uns bewusster! Essen wir weniger Tierisches, aber mehr Gereiftes, Geschmacksintensives, Regionales, Vegetarisches, werden wir gesünder. Planen wir einen autofreien Urlaub, kann Bahn- und Busfahren zu neuen Begegnungen führen und zu neuen Erfahrungen. Auch Technik können wir positiv nutzen, wenn sie hilft, nachhaltig effizienter zu werden. Das aus der Corona-Pandemie-Not geborene *home-office* ist eines der möglichen Beispiele neuer kluger Nachhaltigkeit. Trotz erforderlichem Mehr an Netzlast. Denn unnötige Bürobunker in den Ballungszentren würden vermieden, die Mobilität reduziert und Innenstädte könnten wieder lebenswertere Wohnregionen werden. Bewusster, positiver leben können wir auch, wenn wir uns weniger technisch ablenken lassen. Wir verbrauchen dann, ganz nebenbei, auch noch weniger Energie und Ressourcen. Bei alledem tun wir auch noch etwas für unsere Kinder. Ein Weniger braucht also nicht notwendigerweise als Verlust empfunden werden. Achtsam ist auch, wer alles möglichst mehrfach nutzt, wenig Neues kauft und wenn ja, dann Langlebiges. Die privilegierten, komfortabel, ja im Überfluss Lebenden in den Industriestaaten des Nordens sollten wenigstens auf alles Unnötige verzichten. Nichts unnötig kaufen, nichts unnötig wegwerfen, besonders keine Nahrungsmittel. Denn die ausufernde, leichtfertige Wegwerfmentalität schädigt. In vielen Ländern der Welt dagegen reicht oft das Verfügbare kaum. Wir sollten Wasser sparen, denn es ist unser Lebensnotwendigstes und wird knapp. Das gilt auch beim Kauf von Produkten, welche für ihre Grundstoffe und zur Herstellung insgesamt viel Wasser verbrauchen. Beim Kaufentscheid sollte auch nicht mehr der Preis entscheiden, sondern die Langlebigkeit und die Klimaverträglichkeit der Waren. In der wirtschaftenden Gesellschaft sollten wir nicht mehr konkurrieren, andere nicht mehr mit Geld ausbooten. Geld sollte kein bestimmender Handlungsanreiz mehr sein. Insgesamt das Schonende tun, und das gemeinsam. Qualifiziert durch heutiges Wissen, gestützt auf heutige Geschlechterrollen und flankiert von Können und Technik. Auch bewusst handeln kann positiv befriedigen. Ein anspruchsvoller Handlungskatalog, von jedem Einzelnen befolgt, hilft, schafft nachhaltiges Bewusstsein. Doch kann all das nur ein Anfang sein, ein bewusst machender Anfang.

Wir müssen neu denken lernen. Schulen müssen Kinder anleiten und ermuntern, nachhaltig zu denken und zu handeln. Hochschulen müssen den Studenten das Wechselspiel von Natur, Klima und Lebensfähigkeit transparent machen. Besonders die wirtschaftliche und technische Ausbildung muss Wege aufzeigen, mit den Naturressourcen nachhaltig umzugehen, nur das Ersetzbare zu nutzen. Alle müssen ihr späteres Berufshandeln am Ausgleich mit der Natur messen. Forschung muss dem Ziel dienen, den Menschen eine dauerhafte Existenz auf der Erde zu sichern. Das wird ein technisches Umdenken, einen wirtschaftlichen Umbau und einen reduzierten Verbrauch zur Folge haben. Sicher hilft auch eine andere, effizientere und konsequentere Gesellschaftsordnung. Dies alles könnte einen vermeintlichen Mangel hervorrufen, den sich viele in den Industrieländern nicht mehr vorstellen können, den die Jungen nie gesehen haben.

Ziele gibt es viele: Weitestgehend öffentlich und intelligent digital gesteuert mobil sein. Aber auch Engpässe in knapper werdender Grundversorgung können intelligente, vernetzte Warenverteilsysteme verhindern. Das Straßensystem auf den unverzichtbaren Bedarf zurückbauen. Flugmobilität auf das für die Gesellschaft Notwendige einschränken. Flughäfen zurückbauen und deren Anzahl auf ein notweniges Maß reduzieren. Militärware, die nichts als schädigt, nicht mehr produzieren. Vergnügungs- und Reiseindustrie nachhaltig umgestalten. Bauwirtschaft und alle industrielle Fertigung nachhaltig produzieren lassen, die Produkte im Kreislauf wiederverwerten. Internationalen Handel auf das Notwendige reduzieren. Pflanzliche Ernährung entgegen tierischer bevorzugen. Die Landwirtschaft insgesamt ökologischer machen und nur das zur Ernährung Notwendige anbauen. Die dadurch frei werdenden Flächen aufforsten. Nahrungsmittel nicht mehr über weite Wege transportieren. Auch die Medizin sollte nur noch der Gesundheit dienen.

Doch selbst wenn alle Willigen auf diese Weise vernünftig und ökologisch leben, sich also suffizient verhalten, bleibt es nur Stückwerk. Als Menschheit aber haben wir nur eine Chance, wenn auch die politischen und wirtschaftlichen Entscheider, alle Mächtigen mit im Boot sind und sich alle Schädiger beschränken.

Wir haben die Warnungen des *Club of Rome* vor über 40 Jahren und später auch Anderer ignoriert. Es bleibt nur noch wenig Zeit, unseren Schadstoffausstoß und das Vergeuden des Fossilen erfolgversprechend zu beenden. Auch die Artenvielfalt muss, so weit noch möglich, erhalten bleiben. Wir müssen also sehr schnell und praktisch überall wirtschaftlich umbauen oder gar abbauen, müssen Händel beenden, wollen wir unbeschadet weiterleben. Von fossiler Energie müssen wir lassen. Und je später wir von fossiler Energie wegkommen, desto stärker müssen wir dann unseren Gesamtverbrauch begrenzen. Denn nachhaltig erzeugte Energie kann manches ausgleichen, wird aber nicht in beliebiger Menge verfügbar sein. Wir müssten den Verbrauch reduzieren, wenn, ja wenn wir die Erwärmung aufhalten wollen. Erscheinen uns solche einschränkenden Schritte auf ein verträgliches Klima hin als Zumutung?

ordnen wir uns nachhaltig?

Unsere Erfahrungen mit weltweiten Krisen, wie etwa der Coronakrise in 2020, könnten einen Erfolg versprechenden Weg auch für das uns bedrohende Klimaproblem aufzeigen: Gebremstes Wirtschaften und eingeschränkte Freiheit, um Leben zu schützen. Ist da nicht auf der einen Seite die Freiheit oder das Konzept, dass Jede und Jeder die Möglichkeiten, die unsere Welt bietet, für sich nutzen kann? Haben wir aber nicht auf der anderen Seite die Gemeinschaft mit ihren Bedürfnissen, welche die Einzelnen beschränken? Und gehören zur Gemeinschaft nicht auch die Nachfolgenden dazu? Zu den Bedürfnissen jedes und jeder Einzelnen gehört selbstverständlich, weiterleben zu können. Und dies erfordert eine das Leben ermöglichende, intakte Weltnatur. Werden wir freien Individuen uns aus freiem Willen so beschränken, dass wir Klimaschädigung und Naturverarmung beenden? Werden wir uns also dem Gemeinschaftsrecht bewusst und freiwillig unterordnen? Werden das auch die Menschen in totalitären Staaten tun können? Oder muss das Gemeinschaftsrecht durchgesetzt werden, die Wirtschafts- und Verbrauchsfreiheit beschränkt werden, schlussendlich also Zwang ausgeübt werden? Mit einer Stringenz, welche die Menschenrechte so stark einschränkt, wie es das Ziel erfordert? Doch das muss nicht bedeuten: Freiheit kontra Zwang. Freiheit musste durch die Vielen erkämpft werden gegen die wenigen Mächtigen. Das war attraktiv, innovativ und erfolgreich. Auch manche weiterhin zwingende Herrscherclique war erfolgreich, aber mit unsäglichem Leid erzwungen. Doch beide Lenkungssysteme haben unsere Erde bis heute gleichermaßen *zernutzt*. Unsere Zukunft jedoch gewinnen wir nur mit weltgemeinsamem, nachhaltigem Handeln. Realistisch gesehen gelingt das nur mit kontrolliertem Zwang. Das Gemeinwohl muss vor Egoisten geschützt werden, und für ein zerstörtes Klima und die Natur gilt das wohl weltweit. Um latent männlicher Dominanz vorzubeugen, sollte nur noch geschlechterparitätisch geführt werden. Neue Führung in der Form einer Doppelspitze, ersatzweise rollierend. Zwang aber nur, wenn rationale Verantwortlichkeit versagt, als letztes Mittel, als *ultima ratio*. Das Gewaltmonopol muss aber streng gemeinschaftlich geregelter Kontrolle unterstehen. Entglitte es aber ins Unkontrollierte, würden die stärkeren Männer die Macht wieder an sich ziehen. Bisherige Kulturgeschichte funktionierte so. Damit müssen wir Fortgeschrittenen aber brechen. Freiheit müsste nach innen, also im Staat selbst, aber genauso nach außen, also für alle Staaten begrenzt werden. Es beträfe nachhaltiges Handeln im individuellen Verbrauch genauso wie im globalen Ressourcenverbrauch. Dazu braucht es neue Lenkformen, die wir entwickeln müssen. Durch solch eine moderierte Qualität von Freiheit könnte der mögliche Zusammenbruch unserer Lebensumwelt vermieden werden. Freiheit im Sozialen, für die Geschlechter, in der Bildung, im Wissenschaftlichen, im Kreativen. Unterordnung unter den Gemeinnutz bei Verbrauch, Wirtschaft und Besitz. Und all das kann nur gemeinschaftlich kontrolliert und sanktioniert funktionieren. Was also ist Menschenrecht: Einzelfreiheit oder Weiterexistenz der Gemeinschaft? Es darf heute keine Tabus mehr geben, denn sonst ist der Klimaweg vorgezeichnet. Aber auch der Kompromiss, demokratischer Ausgleich zwischen egoistischen Interessen, kommt beim Klima an seine Grenzen. Haben wir die Kraft, die beschränkenden Bedingungen der Erde durch einen neuen Paradigmenwechsel anzuerkennen? Werden wir uns also zum nachhaltigen Handeln bewusst zwingen? Werden wir diesen Übergang in eine dann nachhaltig beschränkende Kultur schaffen und so ein neues Merkmal menschlicher Evolution prägen?

Das würde aber nur Sinn machen, wenn alle großen Schädiger am gleichen Strang zögen, gemeinsame Lösungen suchten. Noch konkurrieren der brüchige Demokratieblock mit den USA, Indien, der EU und Japan mit rund 2,5 Milliarden mit dem dirigistisch-gleichförmigen China der 1,4 Milliarden. Alle planen ihren CO_2-Ausstoß zu senken, jeder für sich, jede in ihrem Tempo. Während sie gleichzeitig, über Satelliten weltweit medial vermarktet, Fahnen in den Mond stecken, erdölpralle Boliden halsbrecherisch um Kurven jagen, in gekühlten Wüstenstadien um einen Fußball rangeln oder ihre pharmazeutisch getrimmte Trainingsmarter weltmeisternd und olympisch zu Geld machen als Kampf der Ethnien und Systeme. Anderswo stehen Menschenschlangen vor Suppenküchen.

Die weltweite Graswurzelbewegung der Kinder zeigt einen anderen Weg. Er ist gemeinsam und basisgetragen. Er wäre aber ein grundsätzlicher Bruch mit allem Gewohnten. Für ihre Zukunft ist ein Weniger mehr, ein Weniger an Material, an Aufwand, nicht aber an Engagement, nicht an Intelligenz. Sie wollen weltweit und gleichgerichtet handeln und suchen weltweite Lösungen. Also macht eher eine weltweit entscheidende Institution Sinn. Sie hören auch auf die Beratung durch Wissenschaftlerinnen und Wissenschaftler. Das wird immer wichtiger, angesichts komplex werdender Problemstellungen. Denn nur mit allem verfügbaren Wissen, und nur damit, kann der Konflikt Mensch-Klima-Natur dauerhaft entschärft werden.

Herausforderungen erfordern, wenn sie bewältigt werden wollen, mutiges Handeln. Ein Hoffnungsszenario wenigstens zu entwerfen, sollten wir wagen. Ist das unsinnig, weltfremd, nicht realisierbar, ja womöglich revolutionär? Jedenfalls verspricht der vorgeschlagene Lösungsweg, das Klima konzentriert zu stabilisieren und so uns Menschen eine langfristige Chance zu lassen. Was liefert demgegenüber die Realität? Wenige Staaten wollen den Temperaturanstieg in den nächsten Jahrzehnten bremsen, von ihren Klimastreitern gedrängt. Wie genau sie das erreichen wollen, wissen sie noch nicht. Die EU etwa will bis 2050 sogar alles CO_2 ersetzen. Diese 6 % der Weltbevölkerung auf 3 % der Landfläche der Erde und heute 10 % des CO_2 emittierend (gerundete Werte). Für sie scheint es ein ehrgeiziges Ziel, dessen Erreichung noch offen ist. Es wird aber bei weitem nicht ausreichen, Klima und Zukunft der ganzen Welt zu retten. Was ist denn mit all den anderen Staaten, mit all den anderen genutzten Energieformen, mit den anderen Klimagasen aus Tierhaltung und Landwirtschaft, was ist mit den heißen Siedlungsbrachen, den gestörten Naturregionen und Waldflächen...? Jedes verspätete Nachbessern, von weiteren technischen Maßnahmen geliefert, verzögert nur. Oder hoffen wir etwa, unser jetziges Auseinanderstreben der Staaten, unser Nichtstun und ignorantes Leugnen würde letztendlich doch erfolgreich?

Wirklich klimaneutral sind wir erst, wenn auch die Welttemperatur stagniert. Doch der Zug fährt womöglich schon an. Denn die Kippelemente sind dabei, sich an der Aufwärmung zu beteiligen. Daher sollten wir klug sein und jetzt schon grundsätzlich klimaschonend, naturkonform und menschlich zugewandt wirtschaften. Zuwächse sollten wir nicht mehr im als falsch erkannten und zerstörenden Verbrauchshandeln sehen. Die Wirtschaftskorrektur ist ein Schlüsselelement unserer Zukunft. Denn es reicht nicht, *nur* auf die regenerativen Energievorteile zu setzen. Es geht um Klimaschädigung *und* Naturverarmung gleichermaßen. Modernes Wirtschaften müsste sich dem unterordnen und die Gesamtressource Erde nicht mehr zugunsten von Gewinnen verbrauchen. Wird dies richtig verstanden, führt es zum Kern einer neuen, suffizienten Wirtschaftstheorie einer hoffentlich dann grenzenlosen Welt. Hier hat die Wirtschaftswissenschaft eine Bringschuld. Sie muss neue, suffiziente Führungs- und Wirtschaftsmodelle entwickeln, und das schnell. Dabei könnten soviel wie möglich erprobte, jetzt aber konkurrenzfreie Handlungsformen erhalten bleiben. Auf der Prioritätenliste sollte eine neue, jetzt gemeinsame, ökologische Handlungstheorie weit oben stehen. Eine neue Wirtschaft der Nachhaltigkeit und des Ausgleichs bietet sich an, in der persönlicher Besitz ein nur wenig oder gar nicht mehr unterscheidender Handlungsanreiz ist. In der die Gewinn versprechendste Produktionsweise oder der billigste Produktionsort nicht mehr das Maß wären, egal wie effektiv dies auch sei. Denn alles Geld unterscheidet, fördert egoistischen Verbrauch, der immer auch Naturverbrauch ist und Schädigung bedeutet. In solch einer Leitidee müsste welteinheitliches ökonomisches Handeln mit der Gesamtwirklichkeit interagieren. Entwicklung, Produktion und Warenaustausch müssen ihr Ziel selbstverständlich weiter darin sehen, die Weltbevölkerung mit dem Lebensnotwendigen zu versorgen. Jetzt aber mit möglichst wenig Energieeinsatz, wenig Ressourcen und bedarfsgerecht reduzierten Warenmengen. Eines der vielen Beispiele ist die für uns lebenswichtige Landwirtschaft. Nahrung sollte weniger industriell, weniger schädigend produziert werden. Mengenausstoß durch naturschädigende Düngemittel nur, wenn die Welternährung nicht anders zu sichern ist. Produktion möglichst nur in den Wachstumszeiten, wenn technischer und Ressourceneinsatz gering ist. Dazu gehört aber auch die Wertschätzung unserer Ernährung vor allem anderen.

Alles Wirtschaften darf sich nicht mehr fixieren auf den gewinnbringenden Produktausstoss! Unser Ehrgeiz sollte sein, effektiv, qualifiziert und mit gleichzeitig reduziertem Aufwand das Notwendige zu entwickeln und zu produzieren. Wie aber schrumpfen wir Produktion und Handel auf ein nachhaltiges Niveau, ohne dass Notwendiges fehlt? Waren sollten, so weit die Versorgung dies zulässt, nicht mehr in entfernte Länder geliefert werden, des schädigenden Transports wegen. Das bedeutet, Wissen und Produktion müssen weltweit vernetzt sein, aber vor Ort versorgen. Innovationen sollten gefördert werden, wenn sie optimal naturschonend sind und nachhaltige Forderungen und Möglichkeiten befriedigen. Dabei sollten wir nicht nur fragen: wann ist ein Produkt emissionsfrei? Genauso wichtig ist der schon angesprochene Gesamtaufwand. Wir müssen ganzheitlicher zu denken lernen! Sehr viel intelligenter wäre es auch, nicht Überflüssiges zu entsorgen, sondern möglichst alle Materialien wieder zu verwenden. Wirklich nachhaltig aber sind Wiederaufbereitung und Rückgewinnung verbrauchter Ressourcen. Das ist aufwändig und auch energieintensiv, schont aber unsere Lebensumwelt. Noch klüger wäre es, gleich bei der Konzeption möglichst nur Stoffe und Herstellungsmethoden einzusetzen, die für die Wiederverwendung geeignet sind. Auch sollten der Erde entnommene Materialien möglichst nur umgewandelt und nicht zerstört werden. Zusätzlich sollten diese uns und die Umwelt nicht schädigen und bei der Gewinnung wenig Energie verbrauchen. Das würde beispielsweise auch bedeuten, auf hochveredelte, aus vielen verschiedenen Stoffen zusammengesetzte Legierungen zu verzichten. Deren spätere Trennung ist meist energieintensiv, teils unmöglich. Also nur Stoffe und Verfahren nutzen, die möglichst wiederverwendbar bleiben. Die Idee wurde auch *cradle to cradle* genannt und leider erst von einer kleinen Gruppe umgesetzt. Diese einmal eingeübte Denkweise wird bei knapper werdenden Rohstoffen zum Vorteil. Sie kann für unseren weiteren Weg entscheidend werden, nicht nur in der Materialwirtschaft. Schon zeigt sich Verknappung an ganz unerwarteter Stelle: Natursande fehlen für den Beton, wichtigster Baustoff unserer Massengesellschaft. | [7]

Doch wir brauchen mehr, bräuchten eine Weltökonomie, die den Menschen und der Restnatur gleichermaßen dient. Diese verbraucht nur noch qualifiziert, wirkt nachhaltig und sieht gleichzeitig die Gruppe *und* den Einzelnen. Sie schont die Weltressourcen, teilt sie gerecht auf und nutzt sie nur, wenn deren Verbrauch unumgänglich ist. Ein Umgang mit Ressourcen, der auch an die Nachkommenden denkt. Eine Weltökonomie, die das Potential aller aktiviert und auf die Gemeinschaft fokussiert. Solch eine suffiziente Wirtschaftsform muss aber erst gewollt, erdacht und formuliert werden. Dazu braucht es alle kreativen Köpfe. Die Wirtschaftsvordenker haben etwas aufzuholen, und nicht nur diese. Denn wahrscheinlich kann nur eine neue politische Struktur dies voranbringen und überall durchsetzen. Es läuft vermutlich auf eine Art qualifizierter, nachhaltiger und sozialer Weltplanwirtschaft hinaus, von den globalen Führungsgremien kontrolliert. Dies wird sicher Freiheitsbeschränkung und Komfortverlust bedeuten. Massivste Reaktionen der Privilegierten können drohen. Unsere Kinder aber hätten eine Zukunft. Eine zu idealistische Hoffnung?

Aus dem Beschriebenen soll eine Lenkung mit nachhaltiger Zukunft entworfen werden. Denn es muss Schluss sein mit dem politischen Wirrwarr nationaler Alleingänge. Uns würde eine Weltgemeinschaft ohne trennende Staaten helfen. Wenn wenigstens die reichen, einsichtigen Staaten, die mit dem größten Energieverbrauch, zusammen kommen könnten! Und dann bleibt die Frage: Wie gehen wir mit Verweigerern um? Zwingen wir diese unsolidarischen, gar die unterdrückenden Staaten? Die Notwendigkeit zu handeln ist offensichtlich. Es braucht politische Erneuerung, weltweit kommunizierte Nachhaltigkeit. Dies können institutionelle Ordnungssysteme leisten. Solche werden es voraussichtlich sein müssen, die von möglichst vielen simultan kontrolliert werden. Ordnungen, die nicht mehr vom Überkommenen, von den falschen Besitzzielen bestimmt sind, sondern den Weg in unsere Zukunft begleiten. Wissenschaft sollte zu Rate gezogen werden, damit aktuelles Wissen über die Wirkungen unseres Handelns zur Grundlage der Entscheidungen und zum Vorteil werden kann. Dabei ist eine Folgenabschätzung im Gesamtsystem Mensch-Klima-Natur zwingend. Unser Handeln muss ein überlebensfähiges Niveau finden. Der Kompromiss, der Mehrheiten suchende Ausgleich als Merkmal westlicher Demokratie, sucht allzuoft einen schwachen, einen von allen wenig fordernden Weg. Oft wird mit dem Blick auf die unterschiedlichsten Interessen und Gruppenbedürfnisse gefragt: Was ist verhältnismäßig? Beim existenziellen Klimaproblem kann sich ein verwässernder Kompromiss jedoch verheerend auswirken, in der drohenden Konsequenz versagen. Aber auch zentralistische Zwänge in die falsche Richtung könnten verheerende Folgen haben. Daher sollte es eine ganz neue, konzertierte, wissenschaftlich begründete Normfindung werden. Diese sollte die gewählten, bisher alles entscheidenden Regierungen zumindest anleiten. Sind nicht auch die Klimaabkommen von Kyoto und Paris solch eine Art neuer Weltbeirat? Unter den Voraussetzungen freiwilliger Übereinkunft könnte die heutige Staatenstruktur ein Ausgangspunkt sein. Zielsicherer wäre aber, trennende Souveränität aufzugeben. Eine Anregung, ein erster Entwurf für eine *to do*-Liste, für eine notwendige, nachhaltig funktionierende Ordnung, könnten Vereinigte Regionen sein. Eine solche zentrale und konsequente Leitstelle könnte sicher notwendiges Handeln effektiv bündeln. Doch was ist, wenn deren Handeln zu falschen Ergebnissen führt, dem Klima nicht hilft, die Menschen aber zwingt? Eine von allen überprüfbare, mit aktuellem Wissen begründete und beschränkt wählbare Führung ist wohl der bessere Weg. Daher wäre es wünschenswert, den gesellschaftspolitischen Teil der Demokratie mit ihren Kontrollmechanismen so weit als möglich beizubehalten.

Notwendig werdende Beschränkungen sollten immer zuerst das soziale Ungleichgewicht, das schroffe soziale Gefälle abbauen. Genauso müssten alle Menschen mitgestalten, in Geschlecht und Hautfarbe gleichberechtigt. Hilfreich wäre auch, das Trennende zugunsten einer neuen, zukunftsfähigen und gemeinsamen Kultur aufzugeben. Des ungeachtet müssten wir uns darüber klar werden: Grundrechte Einzelner begründet einzuschränken wäre immer noch besser als ein zukünftiges Siechtum Aller. Konsequent und zielorientiert wäre daher eine neue Ordnungsform, eine dreistufige und weltweite Lenkstruktur. Eine föderale, eine beschränkt demokratische Struktur. Aber keine Berufspolitiker mehr, keine Führerfiguren mehr, die ihre Macht lieben, an ihren Pfründen kleben oder ihr Einkommen von industriellen Beeinflussern aufbessern lassen! Die Demokratie ist in die Jahre gekommen, ist verkrustet und hat die heutigen Anforderungen einer global gewordenen Menschheit verschlafen. Die neuen Attribute sind: weltweit und nachhaltig. Sie müssen mehr Verantwortung bei den Einzelnen abrufen. Daher wird ein anführender Weltältestenrat vorgeschlagen, von den Regionen paritätisch gewählt. Ein Rat, gebildet aus einem demographisch anteiligen Spektrum aller Altersgruppen, der Geschlechter und Ethnien, sollte letztinstanzlich entscheiden. Alle Bürger könnten, getrennt nach Altersgruppen und Geschlecht, im permanenten Wechsel einen ihrer Vertreter entsenden. Zeitlich gestaffeltes Rollieren sollte die Kontinuität sichern, Einlernphasen schaffen und den Verlust an Erfahrung ausgleichen, aber auch Interessenbündelung verhindern. Alle Vertreter können nur einmal gewählt werden. Alle Entscheidungen dieses Rates sollten von einer sich permanent selbst kontrollierenden Wissenschaft vorbereitet, begründet und begleitet werden. Ihre Aufgabe wäre, die Notwendigkeiten unserer Lebenswelt festzustellen, welche Klima und Natur stabilisieren. Vom Beratergremium nachgewiesene Handlungsgrundlagen sollten im Rat unmittelbar und nach außen transparent diskutiert werden. Eine parteiliche Meinungsbündelung verzerrt. Denn diese könnte Gruppeninteressen fördern, egoistische Ziele setzen und würde so nicht dem wissensbegründet Rationalen, dem Naturnotwendigen folgen. Nach einem Abstimmungsprozess sollte der Rat unser Handeln festschreiben. Regelverletzungen sollte eine freie und unabhängige Gerichtsbarkeit weltweit und zeitnah überwachen und durchgreifend ahnden. Eines der Themen wäre sicher die beschränkte Nutzung der Ressourcen. Dies würde sowohl die Ausbeute, die Schädigung und die Verschmutzung betreffen. Beispielsweise könnte die Weltvertretung Rechte zur Ressourcennutzung in der Form von Kontingenten oder Gutscheinen an die Regionen weitergeben. Ein regionaler Austausch wäre in gewissen Grenzen möglich. Es könnten so Gewohnheiten leichter angepasst und Spannungen vorgebeugt werden. Selbstverständlich muss jede notwendige Güterversorgung gewährleistet, aber nachhaltig austariert werden. Auch sollte notwendig werdende Beschränkung keinesfalls unsere Innovationsfähigkeit behindern.

Wenn sich in der Aufbauphase regionale Regierungen der Nachhaltigkeit aber verweigern würden, ginge es nicht ohne Zwang. Denn das Gemeinwohl sollte über Einzel- aber auch Gruppeninteressen stehen. Besonders wenn die Vernunft versagt und unbelehrbare Diktatoren sich versperren. Die Vernünftigen, welche das Zerstörungsproblem sehen und anerkennen, müssten konzertiert international eingreifen. Dies kann durchaus hart werden. Es ist eine riskante Abwägung, doch steht das Überleben aller auf dem Spiel. Gradmesser muss immer sein, sich so weit als möglich übereinkünftig zu begrenzen. Nicht mit Zwang, sondern möglichst kreativ lenken! Doch leider braucht es gleichzeitig Freiheit und Zwang, wollen möglichst viele Menschen weiterleben. Eine gewisse Fehlertoleranz kann sicher dabei helfen.

Die vorgeschlagene Rechtevergabe des Rates müsste alle Lebensbereiche kanalisieren. Nahrung, Wohnung, Kleidung, Mobilität und Energieverbrauch wären dabei Schwerpunkte. Auch beschränkende Kontingente für Geburten wären denkbar, orientiert an einer ökologisch vertretbaren Anzahl von Menschen und am ethnischen Ausgleich. Alle vergebenen Rechte sollten tauschbar sein um Notwendigkeiten abzumildern, Vorlieben zu ermöglichen. Soviel Freizügigkeit wie möglich sollte bei der Wahl der Beschränkung gelten, trotz streng gehandhabter Rahmenforderungen. Die Regionen der zweiten Ebene hätten im Rahmen vorgegebener Kontingente ihre Eigenverantwortung. Dies schlösse die Art der Willensbildung und deren konkrete Durchsetzung ein. Im Lokalen, der untersten Ebene, fände der soziale und kulturelle Ausgleich statt. Die Gremien würden die Regeln für nachhaltiges Leben anregen, diese propagieren und, wenn nötig, auch festlegen. Die Einhaltung müsste durchgesetzt werden, von der verantwortlichen Entscheidung jedes Einzelnen unterstützt. Motivierende Belohnung und positiv besetzte Verantwortung hilft. Internet basierte Quoren, also Abstimmungen, die stimulieren können, sind ja heute schon ohne parteiliche Filter realisierbar. So könnte jede und jeder Einzelne am Maßnahmenkatalog mitwirken und ihn auf allen Entscheidungsebenen sichern helfen. Gleichberechtigt, sachorientiert, nachhaltig und weltweit.

Es ist an der Zeit, das aus sich selbst heraus lebende Prinzip der Evolution zu begreifen, Evolution ihrer Wirkungsweise entsprechend weiter zu denken. Zu erkennen, dass wirklich alles was wir tun, diesem Prinzip unterliegt. Ob wir lieben oder töten, bestimmen oder gewähren lassen, wir treiben die Evolution weiter. Es scheint egal, ob wir uns durch Literatur, Film und Musik überhöhen. Es scheint egal, ob wir uns in Hoffnungsmärchen vergraben, darin aufgehen. Es scheint egal, ob wir Verschwörungsmythen verbreiten. Es scheint egal, ob wir uns virtuell zudröhnen oder ins weltweite Internet abtauchen. Es scheint egal, ob wir des wirtschaftlichen Erfolgs wegen andere ausbooten. Es scheint egal, ob wir Geld zusammenraffen und damit Einfluss nehmen. Es scheint egal, ob wir gegen die Übermacht der Konzerne rebellieren. Es scheint egal, ob wir mit den Naturressourcen aasen. Es scheint egal, ob wir uns gegen Diktatoren demonstrierend opfern. Wir treiben trotzdem weiter. Ob kreativ oder scheuklappig, brutal oder *political correct*, was wir tun und wie wir es tun treibt uns weiter. Ist uns bewusst, dass nur geistige Flexibilität und konsequent angewandtes Wissen unsere heutige Lebensform ermöglicht? Ist uns bewusst, dass wiederum nur Wissen zu nachhaltigen, überlebensnotwendigen Lösungen in einer überquellenden, auseinander strebenden Menschheit führt? Ist uns bewusst, dass jeder Art, auch der unsern, das Ende sicher ist, wenn die Notwendigkeiten zur Existenz fehlen?

Wir haben uns in eine globale Welt katapultiert, eine Welt, in der alles gleichzeitig, überall und in Massen geschieht. Eine völlig neue Welt, die Welt des Schwarmverhaltens, des Internets, von *youtube*, *wechat* und *twitter*, einer sich in Meinungsblasen verlierenden *global community*, der gezielten *fakes*, gar der Massenhysterie. Diese neue Welt der Daten wird von Wenigen gesteuert und beherrscht. Ihre Plattformen sind Wirtschaftsmonopole, teilen unser Handeln unter sich auf, wirtschaftlich genauso wie gesellschaftlich. Diese vermeintlich von Jeder oder Jedem selbst, tatsächlich aber fremdgesteuerte Breitenwirkung überfordert uns fundamental. Diese nur noch von Spezialisten und das auch nur in deren Themensegmenten erfassbare Komplexität verunsichert. Unser Handeln folgt dem nur langsam und mühsam, scheint dem ausgeliefert. Doch alles was uns emotional motiviert, bestimmen immer noch die Traditionen des Überschaubaren, der vergangenen Kleinräumlichkeit. Ein Denken in Gruppen, ausschließenden Nationen und schützenden Staatsgrenzen. Verschließen wir uns nicht spätestens dort unserer Gesamtverantwortung?

Dabei wäre es unsere vorrangige Pflicht ganz neue, jetzt aber nachhaltig wirkende Strukturen und Handlungsformen zu entwickeln: wirtschaftlich, gesellschaftlich und politisch. Wenn wir schon unsere überlegene Intelligenz betonen! Strukturen für unser abgeschlossen begrenztes Natursystem. Kein Wirtschaftswachstum mehr, dessen Auswirkungen zwar kurzfristig vielen helfen kann, aber langfristig allen schadet. Denn es zerstört alles: Klima, Umwelt und Natur mitsamt uns Menschen. Die Gesamtverträglichkeit muss wichtigstes Kriterium unseres Handelns werden. Die Wirtschaft kann daher ihr jetziges Vorgehen nicht mehr halten. Sie muss qualifiziert schädigungsarm werden. Das muss weltweit erreicht werden und mit allen Menschen, denn alle sind beteiligt. Wird Zwang dazu effektiver als bedenkenlose Freiheit? Wird etwa der europäisch-nordamerikanische Freiheitsansatz, von besitzgetriebenem Geklüngel geschwächt, vom chinesischen zentralen Steuerungsansatz verdrängt werden? Bleibt den westlichen Demokratien möglicherweise nur, eine von einer Zentrale verordnete Disziplin, ihren unterschiedlichen Grundsätzen folgend, abmildern zu können? Jede neue Weltsteuerung muss sich vor allen Dingen vom Wissen leiten lassen und ihr Handeln daraus entwickeln. Denn ohne Wissensprimat haben es zukünftige Menschenmassen schwer. Solch ein neues Systemdesign könnte zum Entwicklungstreiber unserer Spätzeit werden. Soll also das Weltschicksal weiterhin vom gesteigerten wirtschaftlichen und technologischen Vorteil abhängen? Soll das Weltschicksal von globaler Konkurrenz abhängen? Soll das Weltschicksal vom Geldstreben Einzelner abhängen? Soll das Weltschicksal von der Wählergunst wirtschaftsorientierter Gruppen abhängen? Soll das Weltschicksal von der Machtgier autoritärer Machthaber abhängen? Soll das Weltschicksal von Parteikadern abhängen? Oder soll das Weltschicksal von uneinsichtigen Individualisten abhängen?

Um es noch einmal festzustellen: Was uns nach wie vor umtreibt ist die männlich dominierte Führerkultur, auch ausgedrückt als Kampf um wirtschaftlichen oder persönlichen Vorteil. Hier müssen wir zualllererst ansetzen. Wir müssen mit wissenschaftlicher Sorgfalt klarstellen, wie diese Kaskade des Verführenden in Jahrtausenden entstand, fortgeführt und missbraucht wurde. Wir müssen dies tun, um endlich soziale, ethnische und wirtschaftliche Ausgrenzung, ja Todfeindschaft wegen der jetzt alles entscheidenden Menschheitsgefährdung zurückzudrängen. Andersartigkeit in Körper und Geist erklärt sich nur aus den Unterschieden in Lebensumgebung und Umweltzwängen. Dies darf keine Wertung rechtfertigen. Beseitigen wir das Trennende, bauen Besitzunterschiede ab! Dies wäre für das globale Zusammenwirken ein Gewinn. Wir müssen die Wirklichkeit des Naturprozesses und dessen fragile Begrenztheit sehen, wollen wir weiter existieren. Denn wir sind im illusionslos wissenden, ernüchtert realistischen Heute angekommen. Wir sind fähig geworden, das unser Leben ermöglichende Klima, die Natur und damit uns selbst zu zerstören.

Unsere bewusste Abkehr vom männlich Bestimmten, von der egoistischen Führungsmacht, vom Gruppenegoismus und von jeder Wirklichkeitsflucht fällt schwer. Auf das *credo* des Konsums, der zerstört, zu verzichten fällt besonders schwer. Wir brauchen für all diese falschen Ideale und Ziele einen Ersatz: Eine grundsätzlich neue gemeinsame Vision. Wir brauchen eine neue Hoffnung. Nicht eine, die beschwichtigt, die unbekümmert rosa zeichnet, die halbherzige Kompromisse macht. Nein, wir brauchen die Hoffnung, dass wir uns verändern können, dass wir eine neue Lebensordnung finden. Entwerfen wir endlich eine zukunftsfähige, kreative und rationale Ethik. Eine Kultur, die Caritas oder Nächstenliebe, die Verantwortung für Nachkommende rational denkt. Eine Kultur der Nachhaltigkeit, eine die weiter denkt. Sie muss, soll sie erfolgreich wirken, in ihren Handlungsdirektiven klar formuliert, wehrhaft und sichtbar sanktioniert werden. Sonst wird ethischer Anspruch zur ausgenutzten Schwäche. Es kann ein weltweit akzeptiertes Verfassungsideal sein, eine Rechte- und Pflichtenordnung, ein weitertragender Lebensentwurf. Eine Motivation durch gemeinsame nachhaltig Werte. Eine Lebensordnung, in der unser wirtschaftliches Handeln seine Begrenzung darin sieht, das Lebensnotwendige bereitzustellen. Eine Ordnung, die nicht auf Besitz baut. Und alles was wir heute festlegen, ist immer nur begrenzt gültig. Daher muss die Normenfindung zu einem fortdauernden Prozess werden, der schlussendlich alle erfasst. Solch ein Wertekanon hilft allen, ganz besonders aber den sensiblen Jungen, von denen viele heute kaum noch eine Zukunft für sich sehen. Gibt eine neue Ethik die Kraft, diejenigen zu bestärken, die nachhaltig erhalten wollen und diejenigen zu hindern, die unsere Welt schädigen?

Ideale, so notwendig sie sind, bleiben zwiespältig. Sie sind immer nur gedachte, grundsätzliche Handlungsnormen. Gut und Böse sind rein menschliche Kategorien. Im Naturzufall, dem wir unterworfen sind, sind sie aber ein Widerspruch. Jede Handlung für etwas hat auch Konsequenzen dagegen, ob wir diese als gut oder als böse empfinden. So erzwingt etwa die Annehmlichkeit der Einen die Schädigung der Andern, kämpft die Selbsterhaltung gegen die Zuwendung. Persönlichkeitsschutz und Schutz der Gemeinschaft stehen sich gegenüber. Der Drang um Eigennutz kämpft mit den Interessen der Gemeinschaft. Jedes angebliche Gut muss sich fragen lassen: Für wen oder was ist das vorteilhaft, wen oder was benachteiligt es? Schafft der wirtschaftliche Vorteil Weniger nicht auch die vielen wirtschaftlichen Verlierer? Verursachen die reichen Verbraucher nicht uns allen zukünftige Probleme?

Wir sind stolz auf unsere erkämpfte individuelle Freiheit und die endlich beginnende Geschlechter- und Ethniegerechtigkeit. Wir müssen sie aber erst noch einüben, festigen. Wir sind extrem weit vorangekommen im Wissen um Details, können Einzelphänomene der Natur, der Materie und des Weltalls perfekt beschreiben. Aber wenn es um uns selbst geht, sind wir nahezu ohnmächtig. Ob es um den Ausgleich zwischen den Lebensanschauungen geht, um unsere Gruppenstrukturen, unser Sozialleben, um die beiden Geschlechter, unser politisches Agieren, unser Wirtschaften oder erst recht, wenn es um eine rationale und zielführende Zukunftsstrategie geht. Wir schaffen es nicht einmal in unseren alten, eingeübten Staaten kontinuierlich Lebensperspektive zu erhalten. Wie ungeplant, ja geradezu falsch aber handeln wir erst, wenn es um die Strukturen einer immer noch wachsenden Weltbevölkerung geht? Kriege, Flüchtlingsströme, vergeudete Ressourcen, erwärmte Welt, zerstörte Natur und die vielen Egoismen der Machteliten oder ganzer Regionen und Länder fordern gnadenlos. Im Wahn, sich selbst oder seiner eigenen Gruppe Vorteile zu sichern, setzen wir das Weiterleben der Gesamtheit aufs Spiel. Warum setzen wir so sehr auf Egoismus? Warum nur ignorieren wir die Mechanismen der Realität, den lebensnotwendigen Naturprozess?

Nähern wir uns etwa schon dem Gipfelpunkt der Entwicklungsfähigkeit des kulturellen Menschen? Nähern wir uns etwa dem Ende der Menschengeschichte? Rumort es nicht schon an allen Ecken und Enden in unserer durch unterschiedliche Entwicklung gespaltenen Welt? Überholt uns jetzt unsere selbstgeschaffene, erdumspannende Unübersichtlichkeit? Haben wir, als von der Natur geprägter *homo sapiens*, noch genug Entwicklungszeit, um uns an unsere eigene Fortschrittsdynamik und an deren Folgen anzupassen? Oder spaltet sich von den jetzigen Menschenmassen gar ein neuer *homo automaticus* ab, ein Automatenmensch? Hält das unsere schon sehr anfällig gemachte Weltnatur überhaupt noch aus? Träumen wir gar von einer allein aus sich selbst heraus lebenden, von uns gemachten Biosphäre, ja von unserer naturlosen Weiterexistenz? Doch der Naturprozess, und damit wir, funktioniert nur mit seinem ganzen Werkzeugkasten, sicher aber nicht in der von uns egoistisch reduzierten Bestückung. Was ist, wenn uns schon ein winziges Virus wieder auf den Boden der Naturtatsachen herunterholt?

Natur ist Wachstum, ist konsequenterweise auch Verfall. Der Naturprozess verdrängt. Er tariert die Artenvielfalt aus. Er bremst ungezügelt wachsende Arten. Und er passt sie den zufälligen Umgebungsbedingungen an. Nur so konnte die Erdnatur Jahrmillionen existieren. Mit dem Verstand entwickelte sich der Naturprozess einen mächtig handelnden Konkurrenten. Der machte die lenkenden Ideen innerhalb der Evolution zu einem erweiterten Evolutionswerkzeug. Kult und Glaube waren das erfolgreichste, vom Verstand je entwickelte. Sie bestimmten Jahrzehntausende. Speziell der daraus folgende Königstraum und das Besitzenkönnen forcierte unsere Entwicklung. Das war vorteilhaft und könnte auch dauerhaft so weitergehen, solange unsere Erfindungen nur uns selbst puschen. Doch wir sind dominant geworden, zu dominant. Wir haben das Prinzip der Evolution missachtet, das konkurrierende Zusammenspiel der Arten. Dieses kollabiert bei fehlender klimatischer Grundlage oder wenn eine Art alles andere verdrängt. Dann endet ein Artencocktail, ein neuer kann entstehen. Da hilft keine Beschwichtigung mehr. Jetzt hilft nur noch rationales Handeln. Wir müssen uns endlich wieder als Teil der natürlichen Evolution begreifen, demütig werden. Evolution richtig verstanden, ihren Prozesscharakter von uns Menschen sinnvoll mitgestaltet, bedeutet, uns bewusst nachhaltig zu steuern, also zu beschränken. Dorthin zu lenken, wo wir als Menschheit im Naturverbund weiterleben können. Die Evolution kennt keine ethischen Normen. Das in der jeweiligen Umgebung scheinbar Stärkere, Elastischere, Schlauere oder wilder Kopulierende überlebt, wenn es zum Gesamtgefüge passt. Und das besser Angepasste. Aber trotz dieser Vorgaben können wir, gleichzeitig wissend, rational aber auch empathisch einfühlend, unsere Lebensformen sinnvoll in diesen Naturprozess einbinden. In früheren Entwicklungsphasen musste sich der Verstand zuerst auf das Gruppenüberleben, später dann auch auf den handelnden Einzelnen konzentrieren. Dies war am effektivsten. Heute jedoch darf das sich frei entfaltende Individuum nicht mehr im Vordergrund stehen. Denn wir kennen, ganz egoistisch, kein Halten mehr in unserem technischen Fortschrittsdrang, unserem Profitstreben, unserer Komfortlust. Wir mischen uns in den Naturprozess ein, überstrapazieren die Mechanismen der Erde. Wir heizen die Erde auf und verdrängen, ja verbrauchen die gewachsene Natur. Um immer effektiver auszuschlachten, züchten wir uns gar eine Instantnatur und befriedigen uns mit eigenem Naturdesign, Stichwort Nutz- und Spieltier, ob als

Nackt-, Kurz- oder Langhaarausführung. Die Natur durch unsere Eingriffe immer anfälliger zu machen, kann nicht unser Ziel sein. Unser überbordendes Wachstum stresst die Natur zunehmend und kann mit unserer eigenen Verdrängung enden. Denn medizintechnisch unterstützt greifen wir immer stärker technisch und auch chemisch in den natürlichen Prozess ein. In unserer voll gefüllten Welt muss es darum gehen, eine ausgewogene Balance zu finden. Menschenmassen mit ihren Lebensbedürfnissen fordern es, Naturräume mit ihren Ressourcen dagegen bleiben ungehört, erfordern es aber ebenso.

Wir fühlen uns als aus der Natur herausgehoben, bleiben tatsächlich aber nur Teil des Naturprozesses. Daher müssen wir uns wieder auf die Bedingungen unserer Basis, der Naturevolution besinnen. Aber nicht, wie Rousseau in den Mund gelegt wurde, mit einem schwärmerischen *retour à la nature.* Auch nicht wie auf dem *Monte Verità* früherer Naturalisten im schweizerischen Tessin. Heute gelingt das nur rational und im Naturzusammenhang. Die Diskrepanz zwischen selbstherrlich fordernder Ichbezogenheit und den Notwendigkeiten des Naturprozesses ist unser Überlebensrisiko.

Wir konnten unseren Verstand evolutorisch qualifizieren und so die Natur egoistisch verbrauchen. Sind wir jetzt fähig, mit einer Gemeinschaft der Vernünftigen die Menschheit als Ganzes zu beschränken? Können wir das intelligent, qualifiziert, konsequent und für alle verbindlich? Wollen wir also, dass unser Weiterleben und gleichzeitig das der Gesamtnatur möglich bleibt? Geben wir das Mengenwachstum auf, setzen auf Nachhaltigkeit? Sind wir nur außergewöhnlich gut im Mehr und Raffinierter, sind aber unfähig im selbstbeschränkenden Weniger? Wir gegen die Natur, eine Spezies gegen die Summe allen Lebens? Scheiden wir aus diesem Prozess genauso aus, wie die filmbekannten, durch kosmischen Zufall ausgerotteten Saurier, jetzt selbstverschuldet? Was tun mit denen, die jetzt ihren Komfort leben wollen, denen die Enkelinnen egal sind? Sind uns allen die Nachkommenden gleichgültig? Wäre nicht auch unsere wunderbare Weltnatur es wert fortzudauern?

Wir weltweit vernetzten, mobilen, global wirtschaftenden und verbrauchenden Menschenmassen müssen mit vielen, heute schon nicht mehr abwendbaren Gewissheiten leben. Mit dem *gesicherten*

Wissen, dass wir in einer wärmeren Welt leben werden. Mit dem *gesicherten* Wissen, dass wir in einer artenärmeren Welt leben werden. Mit dem Wissen, dass wir mit unserer Besitzkultur evolutionär wuchsen, heute aber so dynamisch wie nie zuvor. Mit dem Wissen, das uns zu Zerstörungen befähigt, wie nie zuvor. Mit dem Wissen über das fragile Zusammenspiel der Lebensbausteine. Mit dem Wissen über unsere Basis, den Naturprozess, ohne den wir nicht existieren. Mit dem Wissen, dass, wer an der Naturausbeutung konservativ und wirtschaftskonform festhält, verlieren wird. Mit dem Wissen, dass, wenn wir diesen Kampf gegen uns selbst nicht gewinnen, es der finale Kampf des kulturellen Menschen sein kann. Und mit dem Hoffen, dass viele dazu motivieren, die Konsequenzen unseres Verbrauchshandelns zu mildern. Denn wir können unsere Zukunft nur mit wissender Verantwortung und Hoffnung gewinnen. Wir müssen unser jetziges, schon erwähntes Paradigma ändern, von den Alles-können-wollenden zu den Beschränkungsanerkennenden. Es steht also viel für uns auf dem Spiel, ja vielleicht alles.

Es sind einfache Symbole, die Epochales anzeigen. Mit dem Symbol Löwenmann starteten wir einen langen Prozess. Aber einmal angestoßen, war er extrem erfolgreich. Heute ist Greta Thunbergs SKOLSTREJK FÖR KLIMATET *ein neues Symbol. Wird es wieder zum Signal einer entscheidenden Veränderung? Das Plakat der Hilflosigkeit eines einsamen, denkenden und konsequenten Mädchens stellt sich gegen die ganze, unverantwortlich verbrauchende, macht- und wirtschaftsgetriebene Welt. Leitet ihre Mahnung, richtig verstanden und angenommen, eine neue Epoche nachhaltiger Lebensführung ein? Oder kündet ihre Mahnung, wenn sie noch lange ignoriert und dann unumkehrbar wird, womöglich von unserem selbst verschuldeten kulturellen Ende?*

Wir zerlegen Optisches, Akustisches und Materielles in die binäre Null und Eins und steuern so mit Hochleistungsrechnern unsere Welt. Wir überlagern sogar die Null und Eins in Quantenbits und beschleunigen so ungeahnt. Wir jetten für einen Blick auf die blutende Erde zu *spacelabs*. Wir bohren im Marsboden nach Leben, wollen gar dort leben und lassen nebenbei hier unten Kampfdrohnen fliegen. Wir sichern uns Ausflüge in den Orbit. Wir vermessen das System unserer heimischen Sonne. Wir überschreiten die Grenzen der Galaxien. Und wir kartieren das Universum mitsamt der Urverdichtung in schwarzen Löchern. Auf der alten Erde aber stressen wir Klima und Natur. Diese Unvernunft brockt uns Seuchen ein, gegen die wir anschließend an Ribonukleinsäuren herumschnipseln. Ist das unsere neue Kultur?

Mit Märchen modellierten wir die Wirklichkeit. Eine für uns *erschaffene* Weltnatur, perfekt als verdrängende Gefühlstherapie. Tatsächlich sind wir nur ein Teil dieses Naturprozesses, über den wir das Klimaglashaus bauen und ihn zerstören. Eine folgenschwere Ichsucht. Unsere Überlebensstrategie muss jetzt sein: Wirklichkeit sehen und rational anerkennen!

Kinder streiken jetzt gegen unsere Lebensart, unsere Kultur. Gegen dieses Gemenge aus Selbstspiegelung, falschem Glauben, Philosophie, Kunstgenuss, Inspiration und Fürsorge, aber auch von Wissen, Können, Macht, Ausbeutung, Krieg, Verbrechen und Grauen. Sie stehen auf für die Natur, sehen das entscheidende *gap* zwischen Besitzkultur und Naturexistenz. Es ist die ganz große Kluft zwischen forderndem Verbrauchsdenken und unserer Existenzbasis. Unser Alleinstellungsmerkmal Verstand verführte zur Fehleinschätzung. Wir sahen uns als Bändiger, als Beherrscher und Besitzer, eben als geistig überlegen. Tatsächlich aber brennt das Feuerwerk unserer Gestaltungsideen nieder, während das langsam mutierende Zufallssystem Natur agiert. Egal wie brillant und intelligent wir mit allen Themen jonglieren, wie ausgebildet, wie handlungskompetent und clever wir sind, tatsächlich entscheiden wir mit unserer Demut über uns. Denn es sind nicht wir mit unserer Überlegenheit, die bestimmen, es ist der Naturprozess. Sind wir bereit, soweit zurückzustehen, wie es Klima und Naturzufall erfordern, um weiter zu existieren?

Kämpft um eure Zukunft rufe ich den Kindern zu, ändert! Noch gibt es Hoffnung! Noch habt ihr eine Chance! Engagiert Euch und motiviert, daß wir uns selbstverantwortet wieder in den Naturzusammenhang einordnen. Vertraut eurer Kraft, die innovativ und selbstbeschränkt all unsere Umweltschädigung abmildern kann. Vertraut auf euer Können in einer weit fortgeschrittenen Entwicklung. Setzt euer Leben nicht leichtfertig aufs Spiel! Seid schnell und qualifizierte eure Staaten und die globale Wirtschaft rechtzeitig nachhaltig. Werdet zu einer achtsam handelnden Weltgemeinschaft!

Sehen wir es doch sportlich: Wir sind immer mitten drin im Wettlauf ums Überleben. Schaffen wir das *bingo* beim *survival of the fittest* nach Charles Darwin?

quellen

wie geht's weiter?

klima, corona und kultur

Ich bin gereist, habe erlebt, gesehen, gehört und gelesen. Ich habe gesammelt, interpretiert und abgeschrieben, würde auch gerne abgeschrieben werden. Auch die vielen ideellen Wissensprotokollanten bei Wikipedia haben Spuren gelegt. Ich habe was erinnerlich, was möglich war, aufgelistet.

1 | Gustav Riek: Die Mammutjäger vom Lonetal, Gerhard Hess Verlag, 2013, ISBN 9783873364622

2 | Rudolf Drössler: Menschwerdung Funde und Rätsel, Uranis-Verlag,1991, ISBN 3332005111

3 | Denkmalpflege in Baden-Württemberg, 4, 2013

4 | spectrum.de, Heidelberg, 10.03.2014, https://www.spektrum.de/frage/wieviele-menschen-lebten-auf-der-erde/1253576

5 | Keith Francis: Charles Darwin and The Origin of Species Greenwood, Publishing Group, 2007, ISBN 0313317488

6 | Charles Darwin: The Descent of Man, and Selection in Relation to Sex, Verlag John Murray London, 1871

7 | Michael Braungart: Cradle to cradle : remaking the way we make things. Vintage, 2009, ISBN 9780099535478, https://mbdc.com/project/cradle-to-cradle-book/

8 | Spiegel-online, Hamburg, 26.02.2020, https://www.spiegel.de/wissenschaft/natur/klimawandel-forscher-berichten-ueber-verschiebung-riesiger-meeresstroemungen

9 | NASA Earth Observatory, 25.02.2020, Airborne Nitrogen Dioxide Plummets Over China, https://earthobservatory.nasa.gov/images/146362/airborne-nitrogen-dioxide-plummets-over-china

10 | National Geographic, Washington, 12, 2014, https://www.nationalgeographic.de/geschichte-und-kultur/heiliges-land-wiege-der-verheissung

11 | Wilfried Allinger-Csollich: Birs Nimrud I. Die Baukörper der Ziqqurat von Borsippa, ein Vorbericht, Baghdader Mitteilungen 22, 1991, ISSN 04189698

12 | Franz Maciejewski: Echnaton oder Die Erfindung des Monotheismus. Zur Korrektur eines Mythos. Osburg Berlin, 2010, ISBN 9783940731500

13 | Statista, Hamburg, 2020, https://de.statista.com/statistik/daten/studie/197039/umfrage/veraenderung-des-weltweiten-bruttoinlandsprodukts/

14 | Deutschlandradio, Köln, 2019, https://www.deutschlandfunkkultur.de/neue-studie-gibt-eugenikern-futter-schlaue-eltern-schlaue.976.de.html?dram:article_id=424465

15 | Claus Wilcke: Vom göttlichen Wesen des Königtums und seinem Ursprung im Himmel. In: Franz-Reiner Erkens: Die Sakralität von Herrschaft – Herrschaftslegitimierung im Wechsel der Zeiten und Räume, Akademie Berlin, 2002, ISBN 3050036605

16 | Kenneth Chang: A New Picture of the Early Earth. In: The New York Times, 1. Dezember 2008

17 | G. Caro, T. Kleine: Extinct Radionuclides and the Earliest Differentiation of the Earth and Moon, S. 9–51 in: Anthony Dosseto et al. (Hrgb): Timescales of Magmatic Processes: From Core to Atmosphere, Blackwell, 2011, ISBN 9781444332605

18 | National Georaphic, Washington, 8, 2010

19 | Friedemann Schrenk: Die Frühzeit des Menschen. Der Weg zum Homo sapiens, 5. Auflage. Beck, München 2008, ISBN 9783406577031

20 | A. Knoll: Life on a Young Planet: The First Three Billion Years of Evolution on Earth, Princeton University Press, 2003, ISBN 0691120293

21 | Berliner Zeitung, 2006, https://www.berliner-zeitung.de/bereits-vor-3-5-milliarden-jahren-bevoelkerten-mikroorganismen-die-ozeane-des-planeten-als-die-erde-zum-leben-erwachte-15750880

22 | Hans-Peter Willig, München, https://www.evolution-mensch.de/thema/bipedie/bipedie.php

23 | wissenschaft.de, Leinfelden-Echterdingen, 2009, https://www.wissenschaft.de/geschichte-archaeologie/paulus-der-erfinder-des-christentums

24 | Koran, Sure 2, 191, https://koransuren.com/koran/die_kuh_2.html

25 | Koran, Sure 58, 12, https://koransuren.com/koran/die_debatte_58.html

26 | Leibnitz Universität, IGBZ, Berlin, 2019, https://www.igb-berlin.de/news/rueckgang-grosser-suesswassertierarten-um-88-prozent

27 | Leibnitz Universität, IWZ, Berlin, 2018, http://www.izw-berlin.de/pressemitteilung/durchbruch-in-der-rettung-des-noerdlichen-breitmaulnashorns-allererstes-hybrid-embryo-ausserhalb-der-gebaermutter-produziert.html

28 | Koran, Sure 4, 11, https://koransuren.com/koran/die_frauen_4.html

29 | Bibel, Lukas, 1, 38, https://bibeltext.com/luke/1-38.htm

30 | ARD, München, 2018, https://www.daserste.de/information/wissen-kultur/w-wie-wissen/gehirn-mann-frau-100.html

31 | Mareike König: Das unterscheidet Männer und Frauenhirne wirklich, Die Welt, Berlin, 2017, https://www.welt.de/gesundheit/psychologie/article168121456/Das-unterscheidet-Maenner-und-Frauenhirne-wirklich.html

32 | URMU, Blaubeuren, https://www.urmu.de/de/Forschung-Archaeologie/Eiszeitkunst/Venus

33 | Northern Territory, Darwin, https://northernterritory.com/de/de/things-to-do/art-and-culture/aboriginal-culture/aboriginal-rock-art

34 | Birgit Kahler: Die Regenbogenschlange Australiens, 1998, https://www.grin.com/document/103579

35 | Ute Schmidt: Urwesen aus dem Wasser, Der Spiegel, Berlin, 2007, https://www.spiegel.-de/wissenschaft/natur/entstehung-des-lebens-urwesen-aus-dem-wasser-a-484331.html

36 | Stefan M. Maul: Das Gilgamesch-Epos, C. H. Beck Verlag, München, 2005, ISBN 9783406528705

37 | Welt, Berlin, 2016, https://www.welt.de/vermischtes/article156885793

38 | EURACTIV Deutschland, Berlin, 2019, https://www.euractiv.de/section/energie-und-umwelt/news/weltweit-steigende-emissionen-groesste-verschmutzer-machen-weiter/

39 | ZDF, Mainz, 2019, https://www.zdf.de/politik/auslandsjournal/auslandsjournal-clip-2-336.html

40 | Libby Cherry, 05.11.2018, Oxford Student Publications, Oxford, https://cherwell.org/2018/11/05/greta-thunberg-we-need-both-individual-and-systemic-change/

41 | ETHZ, Zürich, 2017, https://ethz.ch/de/news-und-veranstaltungen/eth-news/news/2017/11/klimawandel-oder-laune-der-natur.html

42 | Chinas Energieverbrauch erreicht Fünf-Jahres-Rekordhoch, China Internet Information Center, 30.04.2019, http://german.china.org.cn/txt/2019-04/30/content_74738325.htm

43 | Statista, Hamburg, 2020, https://de.statista.com/statistik/daten/studie/42182/umfrage/primaerenergieverbrauch-von-china-in-oelaequivalent/

44 | Klimareporter, Berlin, 2018, https://www.klimareporter.de/gesellschaft/peak-oil-in-sicht

45 | Karl Marx: Zur Kritik der Hegelschen Rechtsphilosophie in: Deutsch-Französische Jahrbücher, 1844

46 | The Guardian, London, 21.02.2020, JP Morgan economists warn climate crisis is threat to human race, https://www.theguardian.com/environment/2020/feb/21/jp-morgan-economists-warn-climate-crisis-threat-human-race

47 | Spiegel-online, Hamburg, 04.03.2020, über Friederike Otto, Oxford, Diesen Anteil hatte der Klimawandel an den Buschbränden, https://www.spiegel.de/wissenschaft/mensch/australien-diesen-anteil-hatte-der-klimawandel-an-den-buschbraenden

48 | Konrad Repgen: Was ist ein Religionskrieg? In: Zeitschrift für Kirchengeschichte, 97, 1986

49 | The Shift Report: Climate Crisis: The unsustainable use of online video, https://theshift-project.org/en/article/unsustainable-use-online-video/

50 | Sara E. Mikaloff Fletcher, Hinrich Schaefer: Rising methane: A new climate challenge, Science, Vol. 364, Issue 6444, Jun 2019

51 | Lisa Bock und Ulrike Burkhardt: Contrail cirrus radiative forcing for future air traffic, DLR, Köln, 27.06.2019, https://www.atmos-chem-phys.net/19/8163/2019/

52 | BpB, Bonn, 2014, https://www.bpb.de/nachschlagen/zahlen-und-fakten/globalisierung/52741/primaerenergie-versorgung

53 | Erneuerbare Energien in Deutschland, Umweltbundesaamt, Dessau, 2019, https://www.umweltbundesamt.de/themen/klima-energie/erneuerbare-energien/erneuerbare-energien-in-zahlen#textpart-1

54 | Klimagefahr durch tauende Permafrostböden, Umweltbundesaamt, Dessau, 2006, https://www.umweltbundesamt.de/sites/default/files/medien/357/dokumente/klimagefahr_durch_tauenden_permafrost.pdf

55 | Umweltsünder Hund und Katze?, scinexx, 04.08.2017, https://www.scinexx.de/news/geowissen/umweltsuender-hund-und-katze/

56 | 2036 Ueberschreitet die Erde eine gefaehrliche Klimaschwelle, Spektrum Verlag, Heidelberg, 2014, https://www.spektrum.de/kolumne/2036-ueberschreitet-die-erde-eine-gefaehrliche-klimaschwelle/1281572

57| Erneuerbare Energien in Deutschland, Umweltbundesaamt, Dessau, 2019, https://www.umweltbundesamt.de/themen/klima-energie/klimawandel/weltweite-temperaturen-extremwetterereignisse-seit#textpart-2

58| Zeit-online, Hamburg, 08.08.2018, https://www.zeit.de/wissen/umwelt/2018-08/klimawandel-erderwaermung-duerre-risiko-klima-forschung-kippelemente

59| Spiegel-online, Hamburg, 05.01.2018, https://www.spiegel.de/wissenschaft/natur/klimawandel-2017-war-zweitwaermstes-jahr-seit-industrialisierung-a-1186468.html

60| IPCC, 02.09.2019, https://www.ipcc.ch/site/assets/uploads/2019/08/2c.-Chapter-2_FINAL.pdf

61| Erneuerbare Energien in Deutschland, Umweltbundesamt, Dessau, 2019, https://www.umweltbundesamt.de/themen/wasser/gewaesser/meere/nutzung-belastungen/klimawandel-der-meere#geo-engineering

62| Improved estimates of ocean heat content from 1960 to 2015, Science Advances, 3/2017, https://advances.sciencemag.org/content/3/3/e1601545

63| Welt, Berlin, 29.06.2016, https://www.welt.de/politik/ausland/article156507995/In-diesen-Laendern-wird-das-Wasser-knapp.html

64| André Müller: Saudi Arabien Klimatabelle, Leverkusen, http://www.klimatabelle.co/saudi-arabien-klimatabelle/

65| WetterOnline GmbH, Bonn, https://www.wetteronline.de/wetterticker/saudi-arabien-rekordhitze-im-oman-201806287529656

66| taz, Berlin, 11.07.2019, https://taz.de/Tansanias-Praesident-zu-den-Frauen/!5606541/

67| Zeit-online, Hamburg, 19.12.2017, https://www.zeit.de/gesellschaft/zeitgeschehen/2017-12/vereinte-nationen-migration-weltweit-zuwachs

68| BMEL, Berlin, Referat 213, Grundlagen der Ernährung, Konsumverhalten, https://www.bmel.de/SharedDocs/Downloads/Broschueren/ZGFDT-Info.pdf?__blob=publicationFile

69| BpB, Bonn, 01.09.2017, http://www.bpb.de/nachschlagen/zahlen-und-fakten/globalisierung/52730/wasserverbrauch

70| Neues Baumsterben in Mitteleuropa?, scinexx, 27.11.2018, https://www.scinexx.de/news/biowissen/neues-baumsterben-in-mitteleuropa/

71| Zeit-online, Hamburg, 07.08.2019, https://www.zeit.de/wissen/2019-08/brasilien-regenwald-abholzung-rodung-amazonaswald-weltrauminstitut

72| Zeit-online, Hamburg, 16.08.2019, https://www.zeit.de/wissen/umwelt/2019-08/waldbraende-sibirien-alaska-co2-ausstoss-klima-nachwachsen

73| Bibel, 1. Mose 1.28, https://www.bibel-online.net/buch/schlachter_1951/1_mose/1/

74| Umweltbundesamt, Dessau, 29.07.2019, https://www.umweltbundesamt.de/themen/earth-overshoot-day-2019-ressourcenbudget

75| Was tun?, scinexx, 20.10.2017, https://www.scinexx.de/dossierartikel/was-tun/

76| Die Grenzen des Wachstums. Bericht des Club of Rome zur Lage der Menschheit, BSB München, 1972, https://www.1000dokumente.de/pdf/dok_0073_gwa_de.pdf

77| The Guardian, London, 19.09.2018, https://www.theguardian.com/environment/climate-consensus-97-per-cent/2018/sep/19/shell-and-exxons-secret-1980s-climate-change-warnings

78| Nature Geoscience, 11, Berlin, 20.08.2018, https://www.nature.com/articles/s41561-018-0192-7

79| IWR, Münster, 2019, https://www.iwr-institut.de/de/presse/presseinfos-energie-ressourcen/peak-oil-haben-wir-noch-genug-oel-und-wenn-ja-wie-lange-noch

80| Nature 561, Berlin, 2018, https://www.nature.com/articles/d41586-018-06610-y

[81] | Friederike Otto: Wütendes Wetter. Auf der Suche nach den Schuldigen für Hitzewelle, Hochwasser und Stürme, Ullstein Verlag, Berlin, 2019

[82] | Mannheimer Morgen, 17.07.2019, Fridays for Future: Bußgeldbescheide für Mannheimer Schüler

[83] | Umweltbundesamt, Dessau, 25.07.2013, https://www.umweltbundesamt.de/themen/klima-energie/klimawandel/zu-erwartende-klimaaenderungen-bis-2100

[84] | Raphael Neukom: No evidence for globally coherent warm and cold periods over the preindustrial Common Era, Nature 571, Berlin, 24.07. 2019

[85] | amnesty international, This is what we die for, 2016, AFR 62/3183/2016

[86] | Spiegel-online, Hamburg, 04.03.2020, https://www.spiegel.de/wissenschaft/natur/klimawandel-2017-war-zweitwaermstes-jahr-seit-industrialisierung-a-1186468.html

[87] | PRB, Washington, How Many People Have Ever Lived on Earth?, http://www.prb.org/Articles/2002/HowManyPeopleHaveEverLivedonEarth.aspx

[88] | Thorbecke Verlag, Ostfildern, https://www.thorbecke.de/pdf/978-3-7995-0509-3.pdf

[89] | IPCC, Global warming of 1.5 °C , 05.10.2018, https://www.ipcc.ch/sr15/

[90] | Stuttgarter Zeitung, 21.08.2019, Fischereitag, Magdeburg

[91] | The Economist, London, Democracy Index, 2018, https://de.wikipedia.org/wiki/The_Economist

[92] | IPCC, Climate Change and Land, 08.08.2019, https://www.ipcc.ch/report/srccl/

[93] | Judson: Evolution auf der Erde verlief in fünf Phasen, Freie Universität Berlin 102/2017, https://www.fu-berlin.de/presse/informationen/fup/2017/fup_17_101-studie-evolution-erde-fuenf-phasen/index.html

[94] | Stuttgarter Zeitung, 05.02.2019, https://www.stuttgarter-zeitung.de/inhalt.recycling-von-winkraftanlagen-wie-ein-windrad-recycelt-wird.6022083c-6e81-4bb4-a211-d41293f31d8d.html

[95] | Über vier Milliarden Passagiere - Iata meldet neues Rekordjahr, Neun Zeichen GmbH, Berlin, 06.09.2018, http://www.airliners.de/weltweit-milliarden-passagiere-jahr-iata-rekord/46681

[96] | 62 Mio Tonnen Luftfracht jährlich weltweit – neuer Report, Transglobal Express GmbH, Kelsterbach, 03.10.2018, https://www.transglobalexpress.de/news/625/

[97] | VDA, Berlin, 2019, https://www.vda.de/de/services/zahlen-und-daten/jahreszahlen/automobilproduktion.html

[98] | Weltbestand an Autos: Robert Löffler, Bischofsmais, https://www.live-counter.com/autos/

[99] | Juli war der heißeste Tag, Stuttgarter Zeitung, 24.08.2019

[100] | Berliner Morgenpost, 26.08.2019, https://www.morgenpost.de/vermischtes/article226857419/Amazonas-Regenwald-brennt-Diese-Karten-zeigen-ganzes-Ausmass.html

[101] | BpB, Bonn, https://www.bpb.de/gesellschaft/migration/laenderprofile/187111/china

[102] | Klimawandel, Bild der Wissenschaft, Leinfelden-Echterdingen, 7/2019

[103] | CO2-Ausstoß steigt ungebremst, scinexx, 06.09.2019, https://www.scinexx.de/news/geowissen/co2-ausstoss-steigt-ungebremst/

[104] | Reset - Digital for food, Hamburg, 2015, https://reset.org/knowledge/migration

[105] | David Graeber: Schulden - Die ersten 5000 Jahre, Klett-Cotta, 2011, ISBN 978360894767

[106] | Oxfam, Berlin, 2018, https://www.oxfam.de/ueber-uns/aktuelles/2018-01-22-82-prozent-weltweiten-vermoegenswachstums-geht-reichste-prozent

107 | The Guardian, London, 2019, https://www.theguardian.com/australia-news/2019/may/13/torres-strait-islanders-take-climate-change-complaint-to-the-united-nation

108 | Spiegel-online, Hamburg, 16.09.2019, https://www.spiegel.de/wissenschaft/mensch/quick-fix-klimawandel-5-massnahmen-die-schnell-viel-bringen-a-1286542.html

109 | Zeit-online, Hamburg, 13.06.2018, https://www.zeit.de/wissen/umwelt/2018-06/antarktis-klimawandel-eis-schmelze-gletscher-meeresspiegel

110 | Monitoringbericht 2019 zur Deutschen Anpassungsstrategie an den Klimawandel, Umweltbundesamt, Berlin, 2019

111 | Zeit-online, Hamburg, 08.01.2020, https://www.zeit.de/wissen/umwelt/2020-01/australien-feuer-kamele-erschiessen-buschbraende-ureinwohner

112 | Spiegel-online, Hamburg, 05.04.2020, https://www.spiegel.de/wissenschaft/natur/pandemien-und-ihre-ursachen-so-zuechtet-der-mensch-ungewollt-neue-seuchen-a-00000000-0002-0001-0000-000170323296

113 | Kris Karnauskas: Physical Oceanography and Climate, Cambridge University Press, Cambridge, 2020, ISBN: 9781108423861

114 | UN Environment Programme, Rome/Nairobi, 22.05.2020, https://www.unenvironment.org/news-and-stories/press-release/un-report-worlds-forests-continue-shrink-urgent-action-needed

115 | Umweltbundesamt, Dessau-Roßlau, 2020, https://www.umweltbundesamt.de/themen/klima-energie/klimawandel/weltweite-temperaturen-extremwetterereignisse-seit#das-jahr-2019

116 | Nature 525, Berlin, 2.September 2015, https://www.nature.com/articles/nature14967

117 | Food Outlook, FAO, Rom, 05.2019, http://www.fao.org/3/ca4526en/ca4526en.pdf

118 | ZDF, Mainz, 26.09.2020, https://www.zdf.de/nachrichten/heute-journal/heute-journal-vom-26-september-2020-100.html

119 | Spiegel-online, Hamburg, 08.12.2020, https://www.spiegel.de/sport/fussball/fussballspiel-in-china-wegen-gefaerbter-haare-abgesagt-a-34ce39b5-09fe-44d2-989a-2e02f3e22ec4

120 | Spiegel-online, Hamburg, 15.12.2020, https://www.spiegel.de/wissenschaft/mensch/klimakrise-warum-der-meeresspiegel-immer-schneller-steigt-a-8f9ba065-d5e5-4128-a0d6-7533ce2f3584

121 | Süddeutsche Zeitung, München, 12.01.2021, https://www.sueddeutsche.de/politik/mike-pence-donald-trump-weisses-haus-impeachment-1.5171492

122 | Spinger Link, 13.01.2021, https://link.springer.com/article/10.1007/s00376-021-0447-x

123 | Statistisches Bundesamt, Wiesbaden, 29.01.2021, https://www.destatis.de/DE/Themen/Querschnitt/Corona/_Grafik/_Interaktiv/woechentliche-sterbefallzahlen-jahre.html?nn=209016

124 | Lijing Cheng e.a., Advances in Atmospheric Sciences, Springer Nature, 2021, Upper Ocean Temperatures Hit Record High in 2020

125 | Spiegel-online, Hamburg, 02.04.2021, https://www.spiegel.de/wissenschaft/technik/wie-forscher-die-sonne-verdunkeln-wollen-um-die-erderwaermung-aufzuhalten-a-edec54f2-0002-0001-0000-000176983020

126 | FAZ, Frankfurt, 21.04.2021, https://www.faz.net/aktuell/wissen/erde-klima/klimaforscher-ralph-keeling-im-interview-zu-co-rekordwert-14186042.html

127 | Spiegel-online, Hamburg, 11.04.2021, https://www.spiegel.de/wissenschaft/natur/klima-das-millionengeschaeft-mit-den-klimabaeumen-a-a8944b4b-0002-0001-0000-000177062116

[128] | Nature 592, London, 28.04.2021, Hugonnet R, McNabb R, Berthier E, Menounos B, Nuth C, Girod L, Farinotti D, Huss M, Dussaillant I, Brun F, Kääb A., Accelerated global glacier mass loss in the early twenty- first century, https://www.nature.com/articles/s41586-021-03436-z

[129] | Süddeutsche Zeitung, München, 31. Mai 2021, https://www.sueddeutsche.de/politik/china-kinder-drei-1.5308603

[130] | Krautreporter, Berlin, 10.06.2021, James Dyke, Robert Watson, Wolfgang Knorr, Technik wird die Klimakrise nicht lösen, https://krautreporter.de/3930-technik-wird-die-klimakrise-nicht-losen?shared=b10a9efe-0253-4b15-a6c8-33bfe57dc60e

[131] | Spiegel-online, Hamburg, 30.06.2021, https://www.spiegel.de/wissenschaft/natur/kanada-und-usa-warum-das-wetter-in-nordamerika-verrueckt-spielt-a-aa8dfbfd-fb96-4c2b-9ac0-e9a3c1c7fe36

[132] | Welt, Berlin, 02.07.2021, https://www.welt.de/vermischtes/article232241267/Nach-der-Hitze-kam-das-Feuer-Kanadische-Ortschaft-Lytton-fast-ganz-abgebrannt.html

[133] | ARD Tagesschau, Hamburg, 14.07.2021, https://www.tagesschau.de/inland/unwetter-deutschland-137.html

[134] | nature climate change 11, London, 05.08.2021, Niklas Boers, https://www.nature.com/articles/s41558-021-01097-4

[135] | Spiegel-online, Hamburg, 06.08.2021, https://www.spiegel.de/wissenschaft/natur/klima-wo-das-klima-kippt-und-wo-wir-noch-eine-chance-haben-a-ca555079-08a3-44ac-9638-f9d56b02c69f

Printed in Poland
by Amazon Fulfillment
Poland Sp. z o.o., Wrocław

79154824R00101